数 学 文 章 作 法　基 礎 篇

數學
文章寫作

基礎篇

結城浩 ／著　　衛宮紘 ／譯

前師範大學數學系教授兼主任
洪萬生 ／審訂

C O N T E N T S

第 4 章　數學式與命題　　　　　　　　89

第 5 章　舉　　例　　123

導讀

洪萬生
臺灣數學史教育學會理事長
臺灣師範大學數學系退休教授

　　過去幾十年來，有志於數學普及的作者（絕大部分是擁有博雅素養的數學家）大都擔心抽象艱深的數學面貌或本質在「普及化」（或「通俗化」）之後，變得過度簡化甚至扭曲，而無法完成「普羅（化）大眾」的神聖使命！

　　不過，這種普及的焦慮顯然被日本普及數學作家結城浩（Hiroshi Yuki）徹底顛覆了。在《數學文章寫作》「基礎篇」及「推敲篇」兩書中，結城浩不斷強調：「許多讀者覺得我的文章『正確且容易閱讀』」。或許有人認為他的這些文章都屬於初等數學層次，既容易普及化又有不少書寫先例可循，根本不值得吹噓。事實上，他的「數學女孩系列」（除了第一本臺譯本書名稱為「數學少女」之外）主題依序從分拆數（partition of number）、費馬最後定理、哥德爾不完備定理、隨機演算法、伽羅瓦理論（Galois theory），到龐加萊猜想（Poincare conjecture），無一不是艱深抽象的理論，對普及化當然都是巨大挑戰，但他卻始終為

高中生讀者著想，利用「數學小說」這個新文類（gen-re），以每書各十章目錄篇幅，深入淺出，就近取譬，而且首尾融貫，運用「正確且容易閱讀」的筆法，揮灑出令人折服的數學普及大塊文章。因此，日本數學學會在 2014 年將「出版賞」頒贈給他，表彰他對數學普及推廣的貢獻，堪稱實至名歸。尤其對他這位非數學專業、卻自詡「以寫作穿插數學式的文章為生」的作家來說，的確是莫大的殊榮。

在累積了深厚的普及書寫經驗之後，結城浩又進一步出版《數學文章寫作》的「基礎篇」及「推敲篇」。事實上，根據日文版出版資料，前者（亦即本書）於 2013 年出版第一刷，恰好是《數學女孩：伽羅瓦理論》問世（2012年）後一年，當時顯然「因緣具足」，的確是他可以好好「現身說法」的時機。現在，我就針對本書，亦即《數學文章寫作：基礎篇》，提出我在審訂中譯稿之後的心得，聊供讀者談助之用。

根據結城浩的「夫子自道」，本書「討論了寫作正確且容易閱讀文章的原則」。而這項原則就是他一再強調的「為讀者著想」。這個他視同為指南針的原則，是他二十多年著書立說時，始終為他指出正確的方向。本書共有八章，各章主題依序如下：

⑴目標讀者是誰？

⑵體例格式及文章結構組成

⑶建立順序與階層，統整文章內容

⑷針對數學式子及命題，給予讀者理解線索的詮釋資料

⑸例子之為用：「舉例為理解的試金石」

⑹運用「問與答」的手法讓文章生動活潑

⑺目錄與索引是重要的道具

⑻唯一想要傳達的事情：為讀者著想

　　在這八章的架構中，結城浩還是延續他書寫「數學女孩系列」，甚至「數學女孩秘密筆記系列」的風格，為我們凸顯他那首尾一貫、前後呼應、就近取譬，以及層次分明的論述或敘事特色。就首尾一貫及前後呼應來說，第1章先指出目標讀者，然後，在第8章提出總結時，再三強調本書「唯一想要傳達的事情」，就是：「為讀者著想」。此外，他在第7章說明目錄的重要性時，就給了我們一個如何綜觀全書結構的比喻：

　　　　文章寫完後製作目錄，接著重新審視目錄吧。閱讀目錄，有助於寫出正確且容易閱讀的文章。跟讀者一樣，作者也可透過目錄掌握文章的輪廓。

　　在閱讀目錄時，作者要化身為小鳥，飛翔在名為文章的廣大森林之上，俯瞰整篇文章的結構。

　　事實上，這種力求掌握全局的進路（approach），完全

是數學女孩系列書寫的自我實現，而這，當然也充分反映了結城浩的數學博雅品味。

再拿「就近取譬」來說，結城浩在本書第 5 章中，就列舉了典型的、極端的、不符合的、以及考慮讀者知識背景的各種（數學）例子。因此，在不應該炫耀作者自身才學的前提下，文章的說明與舉例必須要有「在地的」（in context）的對應或體貼才好。總之，本章論述可說是結城浩為自己的普及書寫進路，留下了忠實的註腳，因為他在「數學女孩（秘密筆記）系列」就一再呼籲：「舉例為理解的試金石」。

最後，我們介紹結城浩如何讓文章的「層次」得以「分明」。針對這個需要，他提供了本書第 2、3、6 章的篇幅，與讀者分享文章的格式如何與內容同樣重要，還有，作者如果善用問與答的對話形式，不僅文氣較易顯得生動活潑，書寫層次也順勢獲得釐清，這個現象在數學女孩（這一系列數學小說）的敘事情節中，就得到了充分的證實。事實上，「問與答」敘事如何有助於數學學習，這一系列數學小說也貢獻了忠實的見證，讀者可以自行覆按。

本書日文版到 2017 年 12 月為止，已有十刷的出版成績，足見它受到非常廣泛的重視。不過，我的推薦還必須連結到我們臺灣的教育現場。2019 年初，我應邀以「數學閱讀與寫作：新世紀的 HPM 使命」為題，在臺灣數學史教

育學會（Taiwan HPM）成立會場上發表演講，呼籲數學閱讀與寫作的重要性。事實上，108課綱中議題適切融入項目就納入「閱讀素養教育」。儘管此一目標並未明示（數學）寫作的重要性，但基於（美國）教育學者的研究，「寫作是跨科際的學習工具！寫作是衡量高階概念化、分析、應用、綜合與論證的手段」，可見，推動數學閱讀的教育效益，不如同時推動數學閱讀與寫作要來得大些！更何況2016年美國學術性向測驗（SAT）就在傳統閱讀測驗之外，要求「考生讀一段短文，然後寫一篇文章，分析其作者的意圖，並且要舉出嚴謹的證據來證明自己的觀點。」

　　因此，本書值得大力推薦！無論你是科普作家、教師或學生，本書都是數學寫作的最佳指南。尤其是數學教師，當你要帶領學生學習數學寫作時，本書所提供的精緻案例，在面對所謂的素養教學議題時，絕對不會讓你感到孤單。至於關心教改議題或國際教育評比PISA閱讀測驗的家長或一般讀者，則不妨將本書與任何一本數學普及書籍併而觀之，屆時你或可理解所謂的數學素養究竟是怎麼一回事了。

序言

關於本書

大家好，本書《數學文章寫作》會以穿插數學式的說明文為中心，討論：

如何寫出正確且容易閱讀的文章

你在寫作文章時的最大目的是：

向讀者正確傳達你的想法

然後，當你的想法包含數學概念，文章中自然會穿插數學式。因為巧妙運用數學式，能夠比長篇大論更簡潔、正確地表達你的想法。

然而，穿插數學式的文章不好撰寫，僅列出數學式也無法向讀者快速傳達你的想法，讀者也有可能需要花費諸多努力才能解讀你所寫的數學式。

本書中，我們會討論正確且容易閱讀文章的寫作原則。該原則以一句話來說就是：

為讀者設想

本書可說是具體化「為讀者設想」這唯一原則的書籍。

本書不是用來學習數學的書籍，雖然書中出現許多穿插數學式的文章，但並沒有要學如何解題、證明、推導答案、建構理論等。本書是以你有想向讀者傳達的想法為前提，學習怎麼將想法轉為正確且容易閱讀的文章。

關於讀者

本書可幫助「寫作穿插數學式文章的人」，例如學生、學校老師、補習班講師、Web 雜誌書籍的作者等。

本書對一般「作者」也能帶來幫助，除了數學式，本書也有提到論文、網頁、報告、書籍等各種文章共通的注意事項。

然後，本書對「讀者」也有好處，本書的內容可幫助理解文章是如何組成的。

再來，本書對學校老師、補習班講師等「擔任教職的人」也有益處，正確且容易閱讀文章的注意事項也可運用於教學上。

關於我

我不是數學家，只是以寫作穿插數學式的文章維生，從 1993 年開始撰寫程式設計、加密技術的入門書，自 2007 年撰寫《數學女孩》系列的數學故事。值得慶幸的是，許多讀者覺得我寫的文章「正確且容易閱讀」。

這個世界上有許多文章，但內容正確未必容易閱讀；容易閱讀未必正確。我總是期許自己能寫出正確且容易閱讀的文章。

我不是以寫作文章的「權威」，而是以「現職寫作者」的身分撰述本書。我自身平時也會運用本書的內容來寫稿，致力於為讀者寫出正確且容易閱讀的文章。本書《數學文章寫作》可說是將我過去在撰寫技術書、數學書時學到的技巧，統整集結而成的書籍。

本書的構成

這邊來介紹各章的內容。

第 1 章〈讀者〉會討論寫作文章時最重要的「讀者」。文章得讓讀者閱讀才有意義。清楚理解讀者的知識、意欲、目的再開始動筆，是在寫作正確且容易閱讀的文章上非常重要的事情。

第 2 章〈基本〉會討論寫作文章時最基本的事項，重

視格式並意識字詞、句子、段落、章節等文章的構造。

第3章〈順序與階層〉討論構成文章時的順序與階層，思考應該以什麼樣的順序安排文章，學習意識階層來統整內容。

第4章〈數學式與命題〉討論數學式與命題的寫法，從寫出數學式的目的，到讓讀者關注重要式子的方法、防止誤解的做法等，舉出具體例子說明。

第5章〈舉例〉討論幫助理解文章的舉例方式，學習如何舉出適當且有效的例子。

第6章〈問與答〉討論對讀者提出問與答的方法，說明如何提出適當難度的問題、不讓讀者感到混亂的回答。

第7章〈目錄與索引〉討論對讀者有幫助的目錄、索引製作。

第8章〈唯一想要傳達的事情〉回顧整本書的內容，討論如何實踐「為讀者設想」。

謝　辭

我在某次因緣際會之下，邂逅美國電腦科學大師、史丹福教授——傑夫・厄爾曼（Jeff Ullman）所說「寫作文章是為了教育」這句話，回憶起曾為國中老師的父親。父親總是在用餐時跟我分享「教學心得」。

　　若說寫作文章是為了教育，從事寫作工作的我，可說是跟身為教育者的父親走上相同的道路。這讓我深感欣慰。

　　本書各處都有父親的諄諄教誨，所以我想將這本書獻給父親。

　　父親，真的非常謝謝你。

> 需要注意的是，
> 說明的目的在於教導，
> 而非自我表現。

――傑夫・厄爾曼（Jeff Ullmann）

第 1 章

讀　　者

1.1　本章要學習什麼？

　　為讀者設想是寫作文章時最重要的事情。無論內容有沒有數學式，寫作文章的目的是向讀者傳達你的想法。如果你的想法能夠傳達給讀者，那就是好的文章，但若無法傳達，就是不好的文章。因此，寫作文章時，為讀者著想是理所當然的。

　　本書會反覆出現「為讀者設想」這個原則。這是寫作文章的根本，請務必記住。

　　雖說要為讀者著想，但要為讀者的什麼設想呢？我們
至少要考量下述三點：

- ・讀者的知識背景──讀者已經知道什麼？
- ・讀者的動機──讀者想要瞭解多深？
- ・讀者的目的──讀者為了什麼而讀？

　　我們得仔細考量讀者的知識背景、動機、目的，才寫
得出讀者能夠理解的文章。

1.2　讀者的知識背景

　　設想**讀者的知識背景**，也就是「讀者已經知道什麼？」
若沒有仔細考量這件事，會寫出過於艱澀難懂或者過於簡
單無趣的文章。

　　請見下面的句子：

$\sqrt{2}$ 不是有理數。

　　如果讀者已經知道 $\sqrt{2}$、有理數的概念，僅寫出「$\sqrt{2}$ 不
是有理數」也能夠理解吧。但是，若讀者不曉得 $\sqrt{2}$ 的意
義，也不清楚有理數這個術語，僅寫出「$\sqrt{2}$ 不是有理
數」，讀者也無法理解，作者需要好好說明 $\sqrt{2}$ 代表什麼、

有理數是什麼才行。

如同上述，根據讀者的知識背景，文章的書寫方式會完全不同，所以在寫作文章時，必須注意「讀者已經知道什麼？」

然而，讀者的知識背景並非固定不變，而是不斷變化。實際上，在閱讀你寫作的文章時，讀者的知識背景也不斷在變化。即便是起初不曉得 $\sqrt{2}$ 與有理數的讀者，也會隨著閱讀你的文章學到 $\sqrt{2}$、有理數，變得能夠理解「$\sqrt{2}$ 不是有理數」這個命題。

因此，寫作文章時，必須注意「順序」。該以什麼樣的順序向讀者提出你的想法，是寫作文章的根本問題。在注意順序上，以「讀者閱讀到這邊已經瞭解什麼事情？」的觀點尤為重要。

如果順序恰當，讀者會對作者產生信賴感。當讀者覺得「這位作者寫的文章值得信賴」，會想要更深入閱讀文章。這就是提升讀者的動機。

如果順序恰當，讀者就能夠順暢閱讀。在讀者心想「如果這樣，這個命題就可能成立吧」的時候提出該命題；在讀者心想「這邊抽象不好懂，想要有個簡單的例子」的時候舉出相關例子，是最理想的情況。

關於順序的安排與範例的舉出，會分別在第3章、第5章詳細說明。

1.3　讀者的動機

設想**讀者的動機**，也就是「讀者想要瞭解多深？」

文章的寫作者傾向認為讀者會熱心地閱讀文章，即便沒有到達熱心的程度，至少也會從頭到尾好好讀完吧。

然而，事實並非如此，讀者未必會熱心地閱讀，也未必會從頭到尾好好讀完。即便這是你費盡千辛萬苦寫出的文章，讀者也會毫無顧慮地跳讀。

你只要想像自己是一位讀者，就能理解。當自己稍微感到厭倦，就會想著「後面有沒有更有趣的內容呢？」快速翻閱後面頁數，或者想要直接閱讀最後的結論，猶豫是不是閱讀其他文章會比較好。讀者基本上容易厭倦、三心二意，有權利停止繼續閱讀你的文章。雖然聽在寫作者耳裡不好受，但這就是現實。

根據文章的種類，讀者的動機會有所不同。用來取得學分的教科書，即便不願意也會繼續讀下去。論文、說明書等工作上的專業文章也是如此，讀者會努力研讀。與此相對，若是可讀可不讀的文章，讀者的動機就非常低，只要稍微感到無趣，就會馬上放棄閱讀。

如果想要向讀者傳達你的想法，就得發揮想像力理解讀者的動機。讀者的動機低下時，必須想辦法提升動機；讀者的動機充足時，比起想辦法提升動機，更應該把注意

力放在想要表達的內容上。

「變化」是最容易提升讀者動機的方法。讀者會對持續相同論調的文章感到厭煩，為了提升讀者的動機，可在文章裡頭加入一些變化。

- 若一直講抽象的概念，則舉出具體的例子。
- 若一直講具體的事情，則總結一下內容。
- 若一直進行文字說明，則提出圖示、表格。

就像讀者的知識會隨著閱讀文章改變一樣，讀者的動機也會出現變化。持續相同的論調會讓人感到厭倦，適度加入變化能夠提升動機。

當出現讓讀者忍不住想說「原來如此！」的領悟，閱讀動機會大為提升。想要保持讀者的動機，可在適當的時機寫出讓人覺得「原來如此！」的內容。為此，想像讀者會對你寫出的內容有什麼樣的反應，也是非常重要的事情。

寫出讓讀者感到「原來如此！」的文章很重要。說到底你寫作文章就是為了向讀者傳達你的想法，也就是你認為自己的想法「值得傳達」，在你的想法當中，應該有你自身覺得「原來如此！」的內容才對。這樣的話，你就應該將自己感到「原來如此！」的內容，以適當的格式傳達給讀者。為此，你需要思考怎麼讓讀者願意繼續閱讀下去。原本以適當順序提出可讓人感到「原來如此！」的訊息，

如果順序安排得不恰當，讀者也會無法理解而放棄閱讀。

有時候，讀者可透過作者的「提問」確認自己是否理解。這會在第 6 章「問與答」說明。

1.4　讀者的目的

設想讀者的目的，也就是「讀者為了什麼而讀？」

讀者閱讀文章必有其目的，為了瞭解事物的全貌、為了瞭解各項事實的詳情、為了瞭解某現象發生的理由、純粹為了娛樂、……，讀者會一面閱讀文章一面追求其目的。若文章的寫作者清楚瞭解讀者的目的，便能夠寫出貼切吻合的文章。

當讀者想要瞭解全貌，就不能僅列舉各項事實。相反地，當讀者想要瞭解各項事實的詳情，就不能只概略描述全貌。當讀者想要確實追究原因，邏輯推導就不能含糊不清、簡略帶過。

讀者的目的也非固定不變，會隨閱讀文章不斷變化。若是文章的推進能夠貼合讀者，你的想法就能順利傳達給讀者。

為了讓讀者簡單找到符合自己目的的內容，目錄與索引非常重要。目錄與索引會在第 7 章說明。

1.5 本章學到的事

本章中，我們討論了「應該考慮讀者的什麼」。

・讀者的知識背景——讀者已經知道什麼？

・讀者的動機——讀者想要瞭解多深？

・讀者的目的——讀者為了什麼而讀？

考慮讀者很重要，但僅只思考沒辦法作成文章。下一章中，我們就來講寫作文章的基本。

第 2 章

基　　本

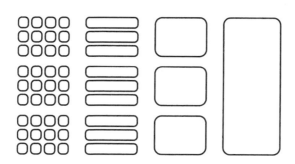

2.1　本章要學習什麼？

「為讀者著想」是寫作文章時的重要原則，但僅只考慮讀者沒辦法作成文章。

本章中，我們要學習以下的基本概念：

・格式的重要性

・文章的結構

2.2 格式的重要性

學習格式

　　文章包含了格式與內容。文章的「格式」是指提出什麼樣的題目、怎麼安排章節、使用什麼樣的字詞等；而文章的「內容」是指文章傳達的意義。

　　寫作文章的人（作者）必須注意文章的格式。一般人在閱讀文章時，通常僅注意內容，不太會去在意格式，但作者在寫作文章時，必須注意內容與格式。具體來說，作者得注意題目、作者名、標題、目錄、概要、正文、圖表、舉例、索引、參考文獻等記述，也要注意遣詞與用字。

　　注意文章的格式，對寫出容易閱讀的文章很重要。一旦弄錯格式，即便內容相同也會變得不易閱讀。作者不妨在寫作前，大量閱讀相同類型的文章，在閱讀的同時留意格式。

重視格式

　　作者應該重視格式。有些人認為「文章的內容很重要」，這是正確的想法，但「文章的內容比格式更重要」就錯了。正確來說，應該這麼講：

文章的內容很重要。

正因為如此，

我們才必須整頓好格式。

想要向讀者傳達的內容愈為重要，愈應該整頓好文章的格式。如果杯子有裂痕，再美味的咖啡也只會白白流掉。

遵守格式規範

若是有格式規範，就應該遵守規範。例如撰寫報告時，老師會規定格式規範。報告的格式規範包含：姓名與所屬系所的寫法、紙張種類及尺寸、字體大小、頁數等。報告必須遵守負責方給出的格式規範撰寫。

負責方通常會給予格式規範。這並不僅限於繳交報告給老師，寫作論文會有論文期刊的格式規範；寫作書籍會有出版社的格式規範；寫作網路新聞會有網站營運者的格式規範。

作者必須遵從格式規範。格式規範是為了彙整多篇文章而產生的，如果格式統一，就容易彙整，但如果格式不統一，就得花費額外的工夫整理。不遵從負責方給予的格式規範，相當於作者傲慢地主張：「請特別撥時間出來處理我寫的文章。」

如果對格式規範有疑慮，請勿擅自判斷，應詢問負責

方。本書會提到許多文章的寫法，但請優先遵守負責方給
予的格式規範。

上帝藏在細節裡

以下會討論怎麼處理措辭、符號等「細節」。

沒有這些「細節」的累積，就寫不出正確且容易閱讀
的文章。這經常被形容為：

「上帝藏在細節裡。」

想要確實傳達重要的內容，就不能對細節有所馬虎。
這也是遵守「為讀者著想」的第一步。

2.3　文章的結構

文章有其結構。

字詞集結成句子、句子集結成段落、段落集結成節、
節集結成章、章集結成⋯⋯如此累積形成一篇文章。

作者必須注意文章具有的結構。若將文章比喻為一台
精密儀器，字詞、句子、段落、章節⋯⋯就好比各種大小
的零件。由小零件組合成大零件，再由大零件組合成更大
的零件，最後完成一台精密儀器。

為了讓精密儀器正確運轉，每個零件都要正確運作且

零件間必須相互結合。文章也是如此，想要寫出正確且容易閱讀的文章，對於字詞、句子、段落、章節……等零件，必須注意：

・每個零件都正確且容易閱讀。
・零件間的關係明確。

後面會按各「零件」的大小順序講解，我們先從字詞開始。

2.4　字詞

字詞的功用

一個字詞有一個意思，一個字詞不可在文章其他地方出現不同的意思。相反地，相同意思不可使用不同的字詞來表示。

這在第 4 章也會詳細討論。

漢字與假名*

日語的連接詞、副詞、指示詞，用平假名書寫比較容易閱讀。

---

* 本書譯自日文，原書中的日文文法部分僅以原文呈現。

然し　　→　しかし（然而）

若し　　→　もし（但是）

例えば　→　たとえば（例如）

従って　→　したがって（因此）

全て　　→　すべて（全部）

既に　　→　すでに（已經）

此の　　→　この（這個）

其の　　→　その（那個）

或る　　→　ある（或是）

在形式上表達「時、事、物」時，也要像下面使用平假名。

～する時　→　～するとき（做～的時候）

～する事　→　～すること（做～事）

～する物　→　～するもの（做～東西）

比如，

當質數 p 能夠除盡整數 n 時，

稱 p 為 n 的質因數。

當中的「時」並不是「實際時間」。遇到類似這樣的情況，請使用平假名來表示。

阿拉伯數字與中文數字

應該使用 1、2、3 等阿拉伯數字，還是使用一、二、三等中文數字，經常被提出來討論。這邊會講述大概的準則，但若有格式規範，請優先遵從相關規範。

加入任意的自然數時，通常使用**阿拉伯數字**。能夠用 n 替換的數字，基本上可寫成阿拉伯數字。

○　1 位男性　　　　　　　　（也可說 n 位男性）

○　2 扇門　　　　　　　　　（也可說 n 扇門）

○　3 種行動模式　　　　（也可說 n 種行動模式）

不是加入任意自然數，限用一、二、三等的表達或者慣用句，則使用**中文數字**。這類數字通常不能用 n 替換。

○　獨自一人度過

○　還差一點就能理解

○　說不出第二句話來

○　「三個臭皮匠勝過一個諸葛亮」等等

雖然可加入任意自然數，但實際上多為一、二、三的程度時，**阿拉伯數字與中文數字兩者**皆可使用。不過，建議一篇文章統一使用其中一種。

○　一次式、二次函數、三次方程式、四維世界

○　1次式、2次函數、3次方程式、4維世界

字體

數學式要用專用的字體，比如式子中的 x 不要寫成 x。

　　○　$x+y=z$
　　×　x＋y＝z

數學式中的常數有兩種表達方式，沒有規定何者正確，請遵循負責方的規範。

　　寫法1　自然對數的底數 e　虛數單位 i
　　寫法2　自然對數的底數 e　虛數單位 i

由幾個文字組成的函數、運算符號，會寫成 sin，不會寫成 sin。

　　○　$\sin\theta$　$\cos\theta$　$\log x$　$x \bmod y$
　　×　$sin\,\theta$　$cos\,\theta$　$log\,x$　$x\,mod\,y$

數字會寫成 123，不會寫成 123 或者 123。

　　○　$4x^2+3x+21=0$
　　×　$4x^2+3x+21=0$

留意半形文字與全形文字的不同。書寫英文數字列時通常會使用半形文字。

半形文字

Web 網頁閒置超過 12 秒

重新表示 http://example.com/

全形文字

Ｗｅｂ網頁閒置超過１２秒

重新表示ｈｔｔｐ：／／ｅｘａｍｐｌｅ・ｃｏｍ／

標點符號

句逗點應該使用「、。」「,.」還是「，。」，請遵從負責方的規範。

日文疑問句的「～か」後面不需要加上問號（？）。

證明できますか？

證明できますか.

在文章中說明推導邏輯時，不使用∀、∃、→、∴等符號，而是以文字敘述。當然，邏輯學中處理符號本身的情況除外。

○　x 為實數，因此 $x^2 \geq 0$。

×　x 為實數，$\therefore x^2 \geq 0$。

　　　　○　對任意實數 x，$x^2 \geq 0$ 成立。

　　　　×　對實數 $\forall x$，$x^2 \geq 0$ 成立。

　　單引號（「　」）用於簡短引用、發言；雙尖號（《　》）用於書名。

　　　　○　波利亞（George Polya）在《如何解題（How
　　　　　　To Solve It）》一書中，將這件事說成「回歸
　　　　　　定義」。
　　　　×　波利亞（George Polya）在「如何解題（How
　　　　　　To Solve It）」一書中，將這件事說成《回歸
　　　　　　定義》。

　　列舉順序可對調時，使用間隔號（‧）*；順序不可對調時，使用頓號（、）。

　　　　○　交通號誌會按綠、黃、紅的順序亮燈。
　　　　×　交通號誌會按綠‧黃‧紅的順序亮燈。

　　上述例子是敘述紅綠燈的亮燈順序，所以不可使用間隔號（‧）。若是「交通號誌有綠‧黃‧紅三色」的話，因為順序能夠對調，所以可使用間隔號。

---

* 此為日文中的用法。

書面語與口語

注意書面語與口語的區別。大眾讀物有時會穿插口語，但論文等硬式文章會使用書面語。

書面語	口語
なぜなら	だって
ではないか	じゃないか
しかし、だが	けど、だけど
よって、ゆえに	なので

同音異義詞

注意日文的同音異義詞。

・始め　初め　（はじめ）
・聞く　聴く　利く　訊く　（きく）
・撮る　取る　採る　捕る　（とる）
・書く　描く　（かく）

不曉得哪個漢字正確時，不妨由慣用語來判斷，比如「開始」的「はじめ」是「始め」，但「最初」的「はじめ」是「初め」。

需要特別注意的字詞

在這節，會列舉需要特別注意的字詞。

(1) 以上、以下

以上、以下包含數字本身，但大於、小於不包含數字本身。

$$x \text{ 在 } y \text{ 以上} \quad x \geqq y$$
$$x \text{ 在 } y \text{ 以下} \quad x \leqq y$$
$$x \text{ 大於 } y \quad x > y$$
$$x \text{ 小於 } y \quad x < y$$
$$x \text{ 不足 } y \quad x < y$$
$$x \text{ 不小於 } y \quad x \geqq y$$
$$x \text{ 不大於 } y \quad x \leqq y$$

最大表示「全體中最大的」，**極大**表示「某範圍中最大的」，最大同時也是極大，但極大未必是最大。

(2) 正比

當「量 x 變為 r 倍時，量 y 也變為 r 倍」，則稱 x 與 y 互為**正比**。

僅滿足「量 x 增加時，量 y 也增加」，在數學上不稱為正比。

(3) 充分必要

滿足「若 P 則 Q」時，則稱 P 為 Q 的**充分條件**，Q 為 P 的**必要條件**。

滿足「若 P 則 Q」且「若 Q 則 P」時，則稱 P 是 Q 的**充分必要條件**。

「P 是 Q 的充分必要條件」的說法表示 P 是 Q 唯一的充要條件，所以有些人主張應該說成「P 對 Q 為充分必要的」。

(4) 否定命題、逆命題

「非 P」稱為 P 的**否定命題**，不是 P 的「逆命題」。

對於「若 P 則 Q」命題 A，「若 Q 則 P」稱為命題 A 的**逆命題**。「若 P 則非 Q」不是命題 Q 的逆命題。

P 與 P 的否定命題成立，稱為**矛盾命題**。

(5) 適當

適當整數不是指隨便一個整數，而是「符合脈絡的適當整數」的意思。

「適當」並不僅限於整數，適當的點、適當次數、適當函數、適當區間等，用於各種不同情況。

(6) 不證自明

即便是難以證明、計算的地方，也能用**不證自明**一句

話帶過,這是有名的數學玩笑。

遇到真的自明的時候,再使用「不證自明」吧。具體來說,僅用於讀者馬上覺得「的確如此」的時候。**明顯、無聊的(trivial)**也是同樣的情況。

(7) **同理**

同理,用於馬上可以前述內容推測的場合。

比如,假設證明 A 中出現的符號★換成符號○就能完成證明B。此時,具體寫出證明A後,證明B可用「同理」省略類似的推導。這樣能夠避免冗長的敘述,讓文章變得容易閱讀。

2.5 句子

句子的功用

一個句子提出一個**主張**。「A是B」為肯定句、「C不是D」為否定句、「進行E」為命令句、「可能是F」為推測句等,句子有各種不同的類型,但肯定包含了某個主張。

因此,想要判斷是否為好的句子,可以詢問自己:

這句子主張什麼?

主張的內容清楚是好的句子,反之為不好的句子。

句子要簡短

句子要簡短。句子過長可能不容易閱讀。

不好的例子：長而難讀的句子

兩個整數 a 和整數 b 在下述關係成立，且整數 q 和整數 r 唯一時，

$$a = bq + r \quad (0 \leqq r < |b|)$$

整數 q 稱為商數、整數 r 稱為餘數，記為：

$$a \equiv r \pmod{b}$$

表示 a 和 r 同餘模 b。

上述例子是非常難讀的句子，它使用了一個句子一次提出不只一個的主張。

簡短句子，改成一個文句提出一種主張後，會變得非常好讀。

改善的例子：分成簡短句子

對於整數 a、b，滿足下述關係的整數 q、r 唯一。

$$a = bq + r \quad (0 \leqq r < |b|)$$

式中的 q 稱為商數、r 稱為餘數。此時，記為：

$$a \equiv r \quad (\text{mod } b)$$

讀作「a和r同餘模b」。

上面的改善例子不是最好的改法，但變得好讀許多。

長句子未必都難讀。習慣寫作長文的作者，可能寫出長卻容易讀的句子。然而，一般人選擇寫作短句子比較不會出現問題。

長句子也不容易改善。如果覺得自己寫出來的句子難讀，可試著拆成簡短的句子。

以下是長句子分成幾個句子的例子。

雖然～，～→～。然而，～

既～，也～→～。而且，～

因為～，～→～。因此，～

對於～，～→～。對此，～

～，且～，又～。→首先，～。接著，～。

最後，～。

需要特別注意的是日文中並非用於轉折語氣的「が」。

不好的例子：不是轉折的「が」

接著來討論複數平面，所有複數皆可表為複數平面上的一點。

次に複素平面を考えることにするが、すべての複
素数は複素平面上の一点として表現できる

「が」原意是「但是」，但在上述例子中的「が」只
是表示「是」的語氣，不能換成「然而」，所以不是轉折。
這個「が」用來提示背景、脈絡，是造成句子冗長的原因，
盡可能把它刪掉吧。

> 改善的例子：消除不是轉折的「が」
> 　　接著來討論複數平面，所有的複數皆可表為複數平
> 面上的一點。
> 　　次に，複素平面を考えることにしよう、すべての
> 複素数は複素平面上の一点として表現できる

再舉一些縮短長句子的例子。

長	能夠計算圓周率
短	可求圓周率
長	能夠得到像這個實驗一樣的體驗
短	可得到如這個實驗的體驗
更短	可得到這樣的體驗。

句子要明確

句子要寫得明確。

> **不好的例子：不明確的句子**
> 　　該定義不也可以說是正確的嗎？

上述句子不明確。我們可像下面這樣斷言，改成明確的句子。

> **改善例子 1：明確的句子**
> 　　該定義正確。

讀完改善例子 1 的讀者，能夠直接理解主張：「這樣啊，『該定義正確』啊。」

然而，如果作者覺得「不想講得那麼武斷，想要有所保留」，那該怎麼寫才好呢？作者若想要有所保留，得先弄清楚想要「保留」什麼東西。我們來分析不能斷言「該定義正確」的理由。

・該定義有的時候是正確的。
・該定義依照解釋方式是正確的。
・該定義在某個時代是正確的。

根據這樣的分析，

・「有的時候」是什麼時候？
・「依照解釋方式」是怎麼解釋？
・「某個時代」是哪個時代？

進一步思考就能明確主張，比如變成像下面這樣：

> 改善例子 2：明確的句子
> 　該定義在實數上不正確，但在複數上是正確的。

如同上述，為了將句子寫得明確，作者得先弄清楚自己的主張。作者想要寫出明確的句子，不妨詢問自己：

　　我想在這裡主張什麼？

如果連作者都沒有弄清楚自己的主張，更不用說想傳達給讀者了。

寫作文章時，需要注意可能讓句子不明確的表達。

雙重否定	不是不～、不是沒有～
被動	被認為是～、被看作是～
籠統	大概、等等、也可說是、稍微、說不定

雖然不是說這樣表達一定不好，但需要十分注意主張是否變得不明確。

「だ、である」與「です、ます」

一篇日文文章中，肯定句尾端需要統一使用「だ、である」（常體）或者「です、ます」（敬體）表示肯定之

意（是）。說明文一般會用「だ、である」，而論文則是一定使用「だ、である」。

　　若想讓文章貼近讀者，會使用「です、ます」。本書就是以「です、ます」撰述。

　　在使用「です、ます」的文章中，有時也會在條列項目時使用「だ、である」。

區分情況

　　區分情況時，需要遵循「不遺漏、不重複」。

　　　　○　　　　在 $x \geq 0$ 時是～。
　　　　　　　　　在 $x < 0$ 時是～。

　　　×遺漏　　在 $x > 0$ 時是～。
　　　　　　　　　在 $x < 0$ 時是～。

　　　×重複　　在 $x \geq 0$ 時是～。
　　　　　　　　　在 $x \leq 0$ 時是～。

　　區分成兩種情況時，其中一方必須為另一方的否定情況。

　　　　○　$x = 0$ 時是～。$x \neq 0$ 時是～。
　　　　×　$x = 0$ 時是～。$y > 0$ 時是～。

注意事實與意見

注意**事實**與**意見**的不同。

事實　2 是質數
意見　2 是比較小的數

「2 是質數」為陳述事實，沒有加入任何判斷，可由第三者調查對錯。

而「2 是比較小的數」為陳述意見，對 2「比較小」的主張加入了判斷，沒辦法由第三者調查對錯。

不過，若是文章中有定義「這邊稱 10 以下的數『比較小』」，「2 是比較小的數」就變成陳述事實。

主要用於提供讀者訊息的文章，區別事實與意見是很重要的。尤其，不可將自己的意見寫成像是客觀的事實。

2.6　段落

段落的功能

如同一個句子提出一個主張，一個段落帶出一個總結主張。

段落要明確

　　段落要寫得明確。

　　段落的第一個句子最為重要。在說明文中，段落的第一句通常是總結該段落主張的句子〔主題句（topic sentence）〕。

　　想要寫出明確的段落，需注意不穿插偏離段落主張的句子。段落是句子的集結，同時每個句子都有各自的主張。

> **不好的例子：段落穿插了多餘的句子**
>
> 　　古典機率是以情況數的比值決定的機率。在古典機率中，會事先決定有相同發生可能性的事件，以「關注的情況數」除以「全部的情況數」的數值作為機率。高中以前所學的機率為古典機率。公理機率是以機率的公理決定的機率。將機率的性質公理化，以滿足該公理的數值作為機率。現代數學使用的機率為公理機率。古典機率不與公理機率矛盾，是直觀且容易理解的概念，但適用的範圍有限。

　　上述例子在敘述「古典機率」的段落中，穿插了敘述「公理機率」的句子，因而讓段落的總結主張變得不清楚。

　　將文章像下面這樣區分段落，就會變得明確。

　　改善例子：區分段落

公理機率是以機率的公理決定的機率。在公理機率中，會將機率的性質公理化，以滿足該公理的數值作為機率。現代數學使用的機率為公理機率。

與此相對，古典機率是以情況數的比值決定的機率。在古典機率中，會事先決定有相同發生可能性的事件，以「關注的情況數」除以「全部的情況數」的數值作為機率。高中以前所學的機率為古典機率。古典機率不與公理機率矛盾，是直觀且容易理解的概念，但適用的範圍有限。

在上述的改善例子，第一段提出「關於公理機率」、第二段提出「關於古典機率」的總結主張。文章像這樣區分段落，讀者能夠接受各段的總結主張。這是讓文章變得容易閱讀的好方法。

區分段落後，段落的總結主張會變得明確。如此一來，「到這邊可以理解，從這邊開始不能理解。」讀者可以掌握「自己的理解狀況」。

注意連接詞與句子結尾

構成段落的句子中，需要注意連接詞與句子結尾。如此一來，能夠讓段落中句子的功能以及句子間的關係變得明確。

> **不好的例子：沒有連接詞的句子結尾顯得單調**
>
> 　　集合的外延性定義是具體寫出所有元素。像 {1,3,5,7} 這樣寫出來，我們可以清楚知道該集合包含了什麼。
>
> 　　外延性定義不好處理無限集合。我們不可能列出所有無窮元素。像 {1,3,17,41,…} 這樣寫出來，我們不可能推測「…」省略了什麼。

　　上述例子讀起來會令人不耐煩。文章可以改善如下：

> **改善例子：注意連接詞與句子結尾**
>
> 　　集合的外延性定義是具體寫出所有元素。比如，像 {1,3,5,7} 這樣寫出來，我們可以清楚知道該集合包含了什麼。
>
> 　　然而，外延性定義不好處理無限集合，因為我們不可能列出所有無窮元素。比如，像 {1,3,17,41,…} 這樣寫出來，我們不曉得「…」省略了什麼。

　　在上述的改善例子，使用了「比如、然而、因為」等連接詞，讓句子間的關係變得明朗。另外，句子也做了改動，讓文章變得容易閱讀。

　　順便一提，作者也要注意「順便一提」的使用。「順便一提」是，在帶出稍微偏離敘述主題的內容時所使用的連接詞。如果稍微偏離主題，能夠幫助讀者理解、增進閱

讀動機，就無傷大雅。然而，若是會讓讀者轉移對文章的注意力，或者單純用來增長文章，那就不需要了。

引　用

引用是直接將他人的文章作為自己文章的一部分。引用可使用文章、照片、圖表等各種著作品，這邊以文章來說明。

引用時必須審慎遵守下述規則，一旦稍有疏失就可能不是「引用」，而會被視為「盜用」。

註明出處。這是寫明引用來源，讓第三者能夠找到資訊。除了要寫清楚引用文章的作者，書籍、論文、雜誌等名稱、出版年、頁數等都要明確記載。在調查寫作文章的資料時，為了方便日後引用，可順手抄寫下必要的資訊。

註明引用範圍。在自己的文章中，不可無區別地穿插他人的文章。簡短引用時，以「　」表示引用範圍；大幅引用時，以內縮的段落表示引用範圍。

引用時不可任意改寫文章，應一字一句照寫，**不做任何改變**。如果遇到一定得改寫的情況，則需要註明改寫的部分。想要強調引用文章的一部分時，也需要註明「強調部分為筆者的見解」。

注意**主從關係**。自己寫作的內容必須為「主」，引用

的內容必須為「從」。

現代，我們能透過網路取得各種電子文章，單純複製貼上就可在自己的文章中簡單穿插他人的文章。請確實管理好自己的文章，避免不小心與他人的文章混淆。

2.7　章節、……

章節、……的功能

前面提到，一個字詞有一個意思；一個句子提出一個主張；一個段落帶出一個總結主張。後續也是相同的情況，章節、……等「零件」分別帶出**各層級的總結主張**。

整篇文章也是如此，一篇文章會帶出一整個大的總結主張。作者必須留意到這件事。

回顧整篇文章，反問自己：

這篇文章在主張什麼？

標題

章節、……等「零件」帶有「標題」。如果各個「零件」的主張明確，可直接以該主張作為標題。

一篇文章會帶出一個大的主張，否則該文章會欠缺連貫性。即便「零件」寫得再完美，也不可以單純東拼西湊。

　　所有零件都必須扣合想向讀者傳達的大主張，作者需要不斷留心這件事來寫作文章。

　　整篇文章的主張會是該篇文章的題目。

　　這在第 7 章「目錄與索引」也會提到。

2.8　本章學到的事

在本章，學到了寫作文章的基本。

・為了將內容傳達給讀者，需要重視格式。

・自問文章的各階層「在主張什麼？」

下一章開始，我們來學習安排順序的方法。

第 3 章

順序與階層

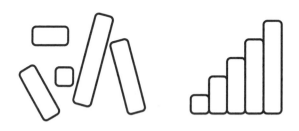

3.1　本章要學習什麼？

注意想傳達內容的順序與階層來寫作，可讓文章變得容易理解。

本章中，我們會學習：

・順序──安排得容易閱讀
・階層──統整得容易閱讀

3.2　順序

文章不可一大塊直接丟給讀者，需要進行分解，提出容易閱讀的順序。示意圖如下所示：

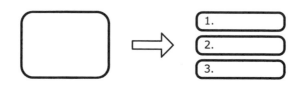

即便不像上圖一樣編號，我們也可在文章各處隱藏順序。下面就來討論容易閱讀的順序。

自然順序

按照自然順序寫作，讓讀者容易閱讀吧。順序混亂的文章會使讀者摸不著頭緒。

> **不好的例子：順序混亂**
>
> 　　我早上 6 點醒來，到達公司時大約 9 點。在 8 點出門之前，我會閱讀郵件到 7 點，接著換好衣服、吃完早餐後，才動身前往公司。

在上述例子，時間倒轉了。讀者是以「6 點→9 點→8 點→7 點」的順序閱讀文章，中途必須自己倒轉時間。

> 改善的例子：改為自然順序
>
> 　　我早上 6 點醒來，閱讀郵件到 7 點，換好衣服、吃完早餐後 8 點出門，到達公司時大約 9 點。

　　在上述改善例子，時間沒有倒轉，讀者能夠沿著「6 點→7 點→8 點→9 點」的時間推移閱讀文章。此改善例子是以自然順序寫成，可說是容易閱讀的敘述。

時間的順序

　　涉及時間的文章，依照下述順序寫成會比較自然。

　　　　過去→現在→未來

根據情況，

　　　　未來→現在→過去

　　有的時候像這樣回溯時間會比較自然，但兩者都是單一方向的時間推移。「原本以為是直接回到過去，卻先穿越了未來才跳回過去」，作者應該避免像這樣時序混亂的敘述。

　　關於時間的順序，有以下幾種情形：

・過去→現在→未來

・早上→中午→晚上

・春→夏→秋→冬

・前年→去年→今年→明年→後年

尤其在寫歷史的推移時，以過去到未來的順序寫作比較好。

寫作歷史推移的例子：費馬最後定理（Fermat last theorem）

令 n 次費馬最後定理為 FLT(n)。17 世紀，費馬（Pierre Fermat）自己運用無窮遞減法證明了 FLT(4)；18 世紀，尤拉（Leonhard Euler）證明了 FLT(3)；19 世紀，狄利克雷（Johann Dirichlet）證明了 FLT(5)，並由勒讓德（Adrien Legendre）補充缺漏。

上述是由「17 世紀→18 世紀→19 世紀」過去推移到未來的文章。

若像「FLT(3)→FLT(4)→FLT(5)」這樣沿著 FLT(n) 的 n 值順序寫成，就歷史的推移來看，會變得難以閱讀吧。

作業的順序

作業順序跟時間順序的情況大致相同，可依照下述順序寫成：

一開始做什麼→接著做什麼→最後做什麼

文章很少碰到將作業順序倒過來的寫法。

作業順序常見於操作手冊、說明書中,方程式的解法、反矩陣的求法、式子的變形、圖形的畫法等,「做某件事的方法」必會出現作業順序。

例子:畫出線段 $\overline{AB}$ 的垂直平分線的步驟

　　首先,以點 A 為中心、$\overline{AB}$ 為半徑,用圓規畫出圓 A。接著,以點 B 為中心、$\overline{AB}$ 為半徑,用圓規畫出圓 B。用直尺連接圓 A 和圓 B 的兩交點 P、Q,該直線便是線段 $\overline{AB}$ 的垂直平分線。

像下面這樣編號後,順序會變得更加清楚。

例子:畫出線段 $\overline{AB}$ 的垂直平分線的步驟

1. 用圓規以點 A 為中心、$\overline{AB}$ 為半徑畫出圓 A。
2. 用圓規以點 B 為中心、$\overline{AB}$ 為半徑畫出圓 B。
3. 用直尺連接圓 A 和圓 B 的兩交點 P、Q,該直線便是線段 $\overline{AB}$ 的垂直平分線。

除了編號,上述例子還統整了各步驟的形式,3 個步驟都是由「用圓規」或者「用直尺」使用工具開始描述。這是後面會說明的對句法之一(p.86)。

空間順序

空間順序，在描寫眼睛可見的具體事物時使用。

若要描寫像高聳建築上下縱長的物體，

上→中→下

或者

下→中→上

以這樣的順序寫作會比較自然。文章應該避免在空間上下跳來跳去。

若要描寫左右橫長的物體，

左→中→右

這樣的順序比較容易閱讀。

在判斷以什麼樣的順序寫作才容易閱讀時，想像「讀者在閱讀途中會浮現什麼樣的畫面？」很重要。請回想「為讀者著想」的原則。

下面列舉一些空間順序的例子：

・上→中→下
・頭→身體→腳
・前→後

・前→後→左→右（前後左右）
・上→右→下→左（順時針旋轉）

這邊只列舉了一個例子。無論什麼情況，最終還是要交由作者判斷。

大小順序

根據大小順序寫作文章時，可依照以下順序：

小→大

有的時候倒序會比較自然：

大→小

不過，文章應該避免在大小上跳來跳去。

長度、面積、體積、重量、溫度、規模、數量等，一樣可依照一定的順序（或者倒序）寫作：

・短→長
・狹窄→寬廣
・小→大
・輕→重
・低→高

・小規模→大規模

・少→多

例子：水的三態

　　在 1 大氣壓下，水的熔點為 0 度、沸點為 100 度。因此，水在溫度低於 0 度時會是固體；在溫度介於 0 度到 100 度時會是液體；在溫度高於 100 度時會是氣體。

　　上述例子是依照溫度「低→高」的順序敘述，大家有看出這個順序包含了兩個部分嗎？其中一個部分是「熔點→沸點」，另一個部分是「固體→液體→氣體」。

例子：代數方程式與公式解

　　一次到四次的代數方程式存在公式解，但五次以上的代數方程式不存在公式解。

　　上述例子是以代數方程式次數「低→高」的順序敘述，包含「一次到四次」與「五次以上」。

從已知到未知

　　文章先敘述讀者已經知道的事情（已知事情），再帶出讀者還不知道的事情（未知事情）會比較自然，也就是這樣的順序：

已知→未知

再講得更詳細，會是像下面這樣的順序：

- 首先，簡潔敘述已知的事情。
- 接著，稍微詳細敘述混雜已知與未知的事情。
- 最後，詳細敘述未知的事情。

仔細考量「讀者已經知道什麼、不知道什麼」，清楚注意「從已知到未知」的順序，就能寫出容易閱讀的文章。

透過提出**已知的事物**，讀者能夠不排斥地深入文章。然而，若是一味堆砌已知的事情，讀者會感到冗長囉唆，所以這邊必須簡潔統整才行。

在提出**混雜已知與未知的事情**時，確認讀者理解到什麼程度是不錯的做法，可舉出簡單例子（參見第 5 章）或者在文中詢問讀者（參見第 6 章）。如此一來，讀者在閱讀文章的同時，能夠做好接受未知內容的準備。

讀者做好準備時，詳細地提出**未知的事物**。透過像「從已知到未知」這樣的順序敘述，就能寫出對讀者來說容易閱讀的文章。

例子：從已知到未知

　　我們學過自然數與整數。

　　我們也學過可表示為整數比的有理數。0.5、−3.33…都是有理數，0.5 可表示為 $\frac{1}{2}$；−3.33… 可表示為 $-\frac{10}{3}$ 的整數比。

　　不過，$\sqrt{2}$ 是有理數嗎？$\sqrt{2}$ 沒辦法表示為整數比，所以不是有理數。接著，我們來學習不能表示為整數比的數吧。

　　上述文章是以自然數、整數、有理數、除此以外的順序敘述。對於自然數與整數沒有特別舉出例子，對於有理數則舉出 0.5 和 −3.33… 兩個例子。這樣能夠幫助已經淡忘的讀者重新找回記憶。

　　這邊舉出能夠整除的 0.5 和不能夠整除的 −3.33… 兩個例子，而且 −3.33… 也是負數。若要再舉一個有理數，讀者會舉出什麼呢？我會舉出 $\frac{1}{7}$ 也就是 0.142857142857…。雖然這不像 −3.33… 單一數字無限重複，卻也是有理數。關於舉例方式會在第 5 章講解。

　　另外，以「簡單→困難」的順序敘述，也是「從已知到未知」順序敘述的應用。以稍微增加難度的內容順序寫作，讀者就會覺得容易閱讀。

從具體到抽象

在寫作具體事物與抽象事物時，可依照下述順序：

具體→抽象

文章以「從具體到抽象」推移會比較容易閱讀。因為具體的事物比抽象的事物還要好理解。

「從具體到抽象」也可表現成「從特殊到一般」或者「從個別到一般」。

例子：從具體到抽象

試求 5 人選 2 人的排列數。首先，5 人選 1 人的排列數有 5 種。然後，剩下 4 人選 1 人的排列數有 4 種。所以，5 人選 2 人的排列數會是 $5 \times 4 = 20$ 種。

同理，試求 n 人選 2 人的排列數。首先，n 人選 1 人的排列數有 n 種。然後，剩下 $(n-1)$ 人選 1 人的排列數有 $(n-1)$ 種。所以，n 人選 2 人的排列數會是 $n \times (n-1) = n(n-1)$ 種。

在上述例子，先說明「5 人」的特殊情況，再說明「n 人」的一般情況，這是「從特殊到一般」的順序。

另外，請注意上述例子在形式上並行「特殊情況的說明」與「一般情況的說明」。若像下面這樣僅提出一句話

並列敘述，讀者會更容易理解：

> **特殊**　首先，5 人選 1 人的排列數有 5 種。
>
> **一般**　首先，n 人選 1 人的排列數有 n 種。

這樣的寫法稱為對句法（p.80）。

一般來說，以「從具體到抽象」的順序敘述為佳，但有時反過來「從抽象到具體」或者「從一般到特殊」的順序會比較容易理解。這會發生在為了讓讀者理解抽象的、一般性的敘述內容，提出具體例子的時候。關於具體例子會在第 5 章詳細講解，這邊僅舉出相關的具體例子。

例子：從一般到特殊（從抽象到具體）

　　有理數是可表示為整數比的數。比如，0.5 是有理數，因為 0.5 可像 $\frac{1}{2}$ 這樣表示為 1 和 2 的比。但是，$\sqrt{2}$ 不是有理數，因為不管使用怎麼樣的整數 m 與 n，$\sqrt{2}$ 都無法表示為 $\frac{m}{n}$ 的形式。

　　上述例子是先用「有理數是……。」敘述有理數，再提出具體例子。

　　0.5 為一個數，是有理數的例子；$\sqrt{2}$ 為一個數，不是有理數的例子。在使用具體例子幫助理解一般性內容時，像這樣以「符合的例子」→「不符合的例子」的順序敘述，

讀者會比較容易理解。

　　雖然是小細節，但在上述例子中導入 m 和 n 兩個文字時，請注意使用 $m{\rightarrow}n$ 的英文字母順序。

定義與使用

　　使用新的專有名詞時，必須定義清楚。不常使用的專有名詞突然出現在文章裡，會讓讀者感到不知所措。新的專有名詞基本上要以如下的順序敘述：

　　　定義→使用

　　然而，應如何定義專有名詞，會因文章種類、預設讀者大為不同。

　　學術論文大多需要嚴謹的定義，但一般讀物則未必。反而，將定義簡略化、舉出豐富的具體例子，比較能夠幫助讀者理解。

　　出現許多專有名詞的文章，需要對定義的寫法下工夫。

　　其中一種方法是，以〈專有名詞的定義〉另立一個小節來定義。這是將定義集結到一個小節的做法。如此一來，讀者想要確認定義時，只要翻到〈專有名詞的定義〉那一節即可。但是，這種做法的缺點是，定義專有名詞的章節會和一般閱讀的章節分開。

　　另一種方法是，分別**在使用專有名詞前定義**。如此一來，定義若出現在使用專有名詞的地方附近，方便閱讀。但是，如果專有名詞的定義非常長，可能會中斷內容的推移。

　　再來是折衷兩者的方法，**在使用專有名詞前暫時定義、在文章的附錄嚴謹定義**。如此一來，能減少閱讀上的排斥感，定義的議論也可在附錄充分敘述。

　　嚴謹敘述顯得冗長時，有時會改用**簡短的專有名詞**。此時，為了避免讀者產生誤會，需要交代清楚。

例子：關於專有名詞的用法

　　另外，在討論不可約性時，如同「在 $\mathbb{Q}$ 上為不可約分的」、「在 $\mathbb{Q}(\sqrt{2})$ 上為不可約分的」，需要註明在什麼條件下。然而，下面僅討論在 $\mathbb{Q}$ 上不可約分的問題，「在 $\mathbb{Q}$ 上為不可約分的」會直接寫成「不可約分的」。

　　上述例子是在向讀者說明，將「在 $\mathbb{Q}$ 上為不可約分的」簡短表為「不可約分的」。

例子：化成略記

　　另外，這邊會將 "FooBar Development Environment Standard Edition, Version 3.14" 略記為 "FooBar"。

　　上述例子是在向讀者說明，將 "FooBar Development Environment Standard Edition, Version 3.14" 這個冗長的名稱，化成簡短的 "FooBar"。

寫作文章時不要**導入過多的專有名詞**，只在真正需要的地方才使用新的專有名詞。文章應該避免出現用不到的術語，切忌為了裝懂而導入新的專有名詞。

我們要時常回想「為讀者設想」這個原則。定義的目的是不讓讀者感到混亂，作者得思考如何提出定義才能防止預設讀者產生混亂。

3.3　階層

如果文章很長，就建立**階層讓文章容易閱讀**。建立階層是指，將分解長篇文章所得的要素，進一步分解為各段落，作出不同層級的總結。這又稱為階層結構、巢狀結構（nested structure）。如下頁圖所示。

寫作長篇複雜內容的文章時，作者一定得注意建立階層。以下會討論如何建立容易閱讀的階層。

什麼是建立容易閱讀的階層

建立容易閱讀的階層是指，清楚表明**在哪裡敘述什麼**，也可說是在**讀者期待的地方敘述讀者期待的內容**。這跟生

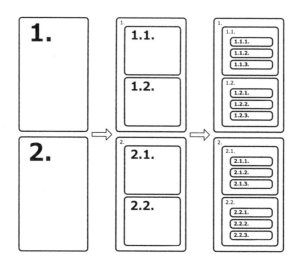

物的分類相似，比如獅子的分類為動物界＞脊索動物門＞
哺乳綱＞食肉目＞貓科＞豹屬；玫瑰的分類為植物界＞被
子植物門＞雙子葉植物綱＞玫瑰目＞玫瑰科＞玫瑰屬。查
閱貓屬的部分能夠找到貓屬動物，查閱玫瑰屬的部分能夠
找到玫瑰屬的植物。

　　建立容易閱讀的階層，也是將讀者的驚訝降到最小。
讀者翻閱目錄會想：「在這個地方肯定會寫這些內容。」
所謂建立容易閱讀的階層，亦即猜測讀者的預想，不可給
讀者超乎預期的驚訝。在貓科的地方不可收錄玫瑰。

分解

想要建立容易閱讀的階層，必須想辦法分解文章。在想寫的東西中發現龐大的概念時，必須對其進行拆解。這個步驟稱為**分解**（breakdown）。

龐大的概念沒辦法直接寫成容易理解的文章。將大概念分解為較小的概念，一個個小概念比較容易傳達給讀者。

分解文章時使用什麼樣的工具（tool）因人而異，有人會寫在筆記本上，有人會抄在卡片上，還有人會操作電腦處理，請找出適合自己的工具。

不遺漏、不重複

想要建立容易閱讀的階層，作者必須**不遺漏、不重複**內容。將文章分解得夠小塊後，排列在一起觀看，檢查有沒有不足的要素（遺漏）、重複的要素（重複），補齊遺漏的部分、統整重複的部分。調查有無遺漏重複的過程中，有時也會發現完全不相關的要素，此時要去掉該要素。示意圖如下頁。

比如，我們打算寫一篇「一日大小事」，描述「白天的情況」與「晚上的情況」。這時有人會想：「咦？那中午的情況呢？」這就是所謂的「遺漏」。

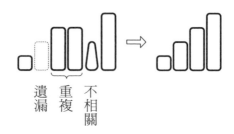

作者切勿忘記「不遺漏、不重複」的方針。

建立群組

想要建立容易閱讀的階層，必須集結相同粒度（granularity）的要素**建立群組**。相同粒度是指概念的大小一致，比如「1.獅子、2.貓、3.豹、4.哺乳類」的粒度就不一致，其中「4.哺乳類」屬於較大的概念。

建立群組是以某個觀點聚集同伴，比如以「1.獅子、2.貓、3.豹、4.玫瑰」作為群組就不太對，因為其中「4.玫瑰」不屬於貓科。

要調整要素數與群組數並不簡單，一個群組集結的要素數過少，會造成群組數變多；相反，如果群組數過少，會造成群組內的要素過多。

人對長篇文章會感到棘手，但也不擅長理解過多的細瑣要素。所以，作者應該將文章安排成適當的長度，僅列出適當數量的群組。

　　建立幾個群組後，有時又會進一步發現群組的群組，集結產生「階層」。

　　6點的情況、7點的情況、8點的情況……列舉的過程中，6點到10點可集結為「早上的情況」；11點到14點可集結為「中午的情況」；14點到18點可集結為「下午的情況」……像這樣統整後，就能建立階層。

調整各階層的順序

　　想要建立容易閱讀的階層，還要調整各階層的順序。如果好不容易建立階層，順序卻是中午→早上→晚上，會讓人感到混亂、難以理解。

　　另外，在各階層的一開始簡短提出**概要、方針、要點**，也是不錯的做法。

一點一點調整

　　階層沒有辦法一次就整理得非常漂亮。

　　即便分解長篇文章，檢查有無遺漏、重複，建立群組並調整順序，重新閱讀文章後，仍會發現奇怪的地方。這種事很常發生，各位不需要感到失望。

　　為了寫出讓讀者容易閱讀的文章，作者必須重新改寫。寫完文章後，花費時間反覆重讀文章，以調整順序、階層。

　　僅在腦中思考，實際寫出來的東西會差非常多。先粗略地寫出再花時間調整，文章通常會變得比較好。這跟近似值的精確度逐漸上升相似。

3. 4   表達的方式

　　前面討論了順序與階層，接下來講幾個讓順序、階層容易閱讀的表達方式。

條列項目

　　條列項目分為有順序與無順序兩種。

　　無順序的條列項目就算調換各項目順序也沒關係。此時，會使用「・」「－」等標記來列舉項目。排版軟體有內建條列項目的機能，可以直接套用模組統一各階層的標記。如此一來，讀者便可從相同的標記得知，這些項目屬於同一階層。

　　LaTeX 的條列項目，會自動將相同層級排版成相同的格式，不同層級排版成不同的格式。

- XXXXXXXXX
- YYYYYYYYY
  - YYYY

- YYYYYYYY
- YYYYYYYYYYYY
- ZZZZZZZZZ

有順序的條列項目是，如同作業步驟等順序具有意義的方式。標上 1、2、3、……等數字，或者標上(a)、(b)、(c)、……等英文字母，是最基本的順序表達方式。

1. XXXXXXXXX
2. YYYYYYYYY
    (a) YYYY
    (b) YYYYYYYY
    (c) YYYYYYYYYYYY
3. ZZZZZZZZZ

由數字開始敘述的項目，需要注意避免混淆。

> 不好的例子
>
> 1. 3 用鍵盤輸入。
>
> 2. 1 號按鈕按下。
>
> 3. 查看結果。

　　在上述的不好例子，3 可能看成 1.3、2 可能看成 2.1。我們可以如下改善：

> 改善的例子
>
> 1. 用鍵盤輸入 3
>
> 2. 按下 1 號按鈕
>
> 3. 查看結果

列舉

　　列舉項目時，寫出個數可讓敘述更完備。

> 僅列舉的例子
>
> 　　擲出一顆骰子時，出現的點數有 1、2、3、4、5、6。

　　上述的例子並沒有錯誤，但給人缺少了什麼的感覺。

列舉與個數的例子

擲出一顆骰子時，出現的點數有 1、2、3、4、5、6 等 6 種。

上述的例子追加了「6 種」，像這樣寫出個數可讓讀者覺得更確實。在這個例子中，也有對「情況數」加深印象的效果。

個數可放在敘述前也可在敘述後，但如果能夠簡潔表達個數，通常放在敘述前會比較容易閱讀。尤其列舉項目多的時候，建議放在敘述前。

不好的例子：長到覺得痛苦

在這邊，

F1: $((x)\vee(x))\to(x)$
F2: $(x)\to((x)\vee(y))$
F3: $((x)\vee(y))\to((y)\vee(x))$
F4: $((x)\to(y))\to(((z)\vee(x))\to((z)\vee(y)))$

假設這 4 個布林式為體系 H 的公理

如同上述，相關說明擺到後面，而且還將列舉穿插在一個句子中，使句子變得非常長，讓人讀起來覺得痛苦。

改善的例子：不會覺得痛苦

在這邊，假設下述 4 個布林式為體系 H 的公理。

F1: $((x) \vee (x)) \rightarrow (x)$

F2: $(x) \rightarrow ((x) \vee (y))$

F3: $((x) \vee (y)) \rightarrow ((y) \vee (x))$

F4: $((x) \rightarrow (y)) \rightarrow (((z) \vee (x)) \rightarrow ((z) \vee (y)))$

如同上述，一開始就提出說明、個數直接完結一個句子，在進入條列項目之前能夠暫緩一口氣，不會覺得痛苦。

我們再來看另一段文章。這段文章把個數放在敘述後。

例子：個數放在敘述後

滿足條件的有

$(1, 1)$、$(2, 2)$、$(3, 3)$、$(4, 4)$、$(5, 5)$、$(6, 6)$

上述 6 種。

雖然像上述例子這樣寫沒有不好，但我們可以加以改善成這樣：

> **改善的例子：個數放在敘述前**
>
> 　　滿足條件的有下述 6 種：
>
> 　　　　(1, 1)、(2, 2)、(3, 3)、(4, 4)、(5, 5)、(6, 6)
>
> 也就是兩顆骰子點數相同的時候。

　　上述例子是在敘述前提出個數「6 種」。

　　另外，上述例子在敘述「……有下述 6 種」後，又再次提醒「兩顆骰子點數相同的時候」，像這樣補充附加訊息，可讓文章變得容易閱讀。

　　仔細想想，上述例子用了三種方式表達一件事情。

- 「(1, 1)、(2, 2)、(3, 3)、(4, 4)、(5, 5)、(6, 6)」的具體列舉是外延性表達。
- 「6 種」的個數是用來防止誤解的檢查用數字。
- 「兩顆骰子點數相同的時候」的性質說明是內涵性表達。

　　如此，讀者在閱讀以幾個方法表達一件事的文章時，會邊讀邊無意識地確認自己是否理解。這可帶來「我走在正確道路上」的安心感，具有增進讀者動機的效果。

字體

字體（Fonts）的區別很重要。不同字體可向讀者傳達額外的訊息。

在想要強調的地方改變字體，英文改為*斜體*或者**粗體**，中文則改為標楷體。

斜體　　This is *important.*

粗體　　This is **important.**

標楷體　這很重要。

數學式中的英文字母要用數學式專用的字體，相關說明請參見 p.32。

○　x 加上 y 會是 $x + y$

×　x 加上 y 會是 x + y

程式、使用者輸入電腦的指令，有時會使用**定寬字型**（monospaced font）。

請在鍵盤上輸入 `shutdown`。

內　縮

　　為了明確表示哪裡是長引用，我們會將文字**內縮**（indent）。其他引用的相關說明請參見 p.49。

> 不好的例子：沒有內縮
> 　　伽利略・伽利萊（Galileo Galilei）發現的真理如下所述 [123]。
> 　　任一真理發現後都容易理解，重點是要先發現真理。
> 的確，伽利略說的有道理。然而，～

　　在上述例子，沒辦法一下子看出哪邊是引用的部分。我們可以如下內縮文字來改善：

> 改善的例子：用內縮來表達引用
> 　　伽利略・伽利萊（Galileo Galilei）發現的真理如下所述 [123]。
>
> 　　　任一真理發現後都容易理解，重點是要先發現真理。
> 的確，伽利略說的有道理。然而，～

　　重要的數學式有時會另立一行明顯表示。相關說明請參見 p.114。

對句法

對句法（Parallelism）是讓在內容上對比的事物在形式上也跟著對比的技法。

> **不好的例子：未使用對句法**
> 重要的不是接受愛。
> 你必須重視給予愛這件事。

在上述例子，「接受愛」與「給予愛」兩者的對比並不明確，沒有讓「接受」與「給予」在形式上跟著對比。

> **改善的例子：使用對句法**
> 重要的不是接收愛，而是給予愛。

上述的改善例子中，使用了對句法讓兩者形成對比。再來看看其他例子吧。

> **不好的例子：未使用對句法**
> Method 決定 Class 的性質，Field 也是如此。「保存訊息的地方」為 Field，是類似變數的概念。Method 相當於函數，可說是「處理訊息的方法」。

上述例子中，說明了 Field 和 Method 兩種概念，但說明得雜論無章、不明確，內容上應該對比的重點，在形式上

沒有跟著對比。

> 改善的例子：使用對句法
>
> 　　Class的性質取決於Field與Method，Field是「保存訊息的地方」；Method是「處理訊息的方法」。Field好比變數，而Method好比函數。

在上述改善例子中，文章使用了以下的對比表現：

Field　　保存訊息的地方
Method　處理訊息的方法

另外，「對句法是讓在內容上對比的事物在形式上也跟著對比的技法」這個句子，也使用了對句法，讓「在內容上」與「在形式上」對比。

3.5　本章學到的事

在本章，學到了注意順序與階層。

讀者沒辦法一次掌握整篇文章，需要一點一點閱讀，慢慢理解內容。如果順序、階層混亂，讀者會不曉得現在閱讀的內容位於整體的哪個位置，需要花費工夫在腦中重新整理。

　　作者要替讀者事先整理好內容。讀者就像是在心中組合拼圖的人，若是作者按照順序把小塊拼圖交給讀者，讀者就能輕鬆組合起來；若是作者以亂七八糟的順序交給讀者，讀者就難以組合起來。

　　寫作文章時注意順序與階層，是為了減輕讀者在閱讀時的辛苦。這也遵從了「為讀者設想」的原則。

　　下一章中會討論如何寫出容易閱讀的數學式、命題。

第 4 章

數學式與命題

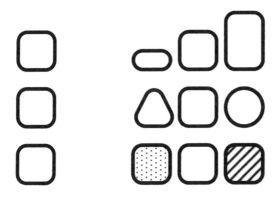

4.1 本章要學習什麼？

本章中，我們會討論數學式、命題怎麼寫比較容易理解。尤其會討論下述兩重點：

· 不讓讀者混亂。

· 給予讀者線索（詮釋資料）。

4.2   不讓讀者混亂

穿插數學式的文章，內容多是錯綜複雜，所以作者必須想辦法避免讀者感到混亂。

避免使用雙重否定

應該避免使用雙重否定。

> **不好的例子：使用雙重否定**
> 不滿足等式 $f(x) = 0$ 的實數 x 不存在。

上述例子中，使用了兩個否定「不滿足」與「不存在」，讓句子的意義變得難懂。若是像下述例子做修正，就能避免使用雙重否定來表達相同的主張。

> **改善的例子：避免使用雙重否定**
> 對於任意實數 x，等式 $f(x) = 0$ 成立。

一般來說，「不滿足 $P(x)$ 的 x 不存在」可以換成「對於任意實數 x，$P(x)$ 成立」。

另外，「對於任意實數 x」的表達在數學上十分嚴謹，但這樣的寫法未必是最好的。根據預設讀者的不同，有時也可單純表達為：

$f(x) = 0$ 始終成立

相同概念，使用相同的專有名詞

相同概念應該使用相同專有名詞。

> **不好的例子：相同概念使用不同專有名詞**
>
> G為數學上的群，具有積的封閉性。換言之，假設 a、b 為 G 的任意元素，則積 ab 也會是 G 的要素。

上述例子中，對於相同概念使用了「元素」與「要素」不同術語。「元素」與「要素」為同義詞，在數學上不能說是用錯，但一篇文章應該避免同一概念使用不同專有名詞。為了防止讀者感到混亂，應該統一成其中一種。

> **改善的例子：相同概念使用相同的專有名詞**
>
> G為數學上的群，具有積的封閉性。換言之，假設 a、b 為 G 的任意元素，則積 ab 也會是 G 的元素。

上述的改善例子統一成「元素」。

另外，「元素又稱為要素。」作者也可以像這樣向讀者介紹同義詞。

不同概念使用不同專有名詞

不同概念應該使用不同專有名詞。

> **例子：不同概念使用相同專有名詞**
> 　　使用數 1 到 9 作成 3 位數，試問總共可作出多少 3 位數？假設相同數能夠重複使用。

在上述例子，

　　　使用的數字 1、2、3、……、9

與

　　　作成的數字 111、112、113、……、998、999

兩種概念使用相同的術語「數」。雖然並非不好，但像下面這樣的文章，讀者比較不會感到混亂。

> **改善的例子：不同概念使用不同專有名詞**
> 　　使用數字 1 到 9 作成 3 位數，試問總共可作出多少 3 位數？假設相同數字能夠重複使用。

　　上述的改善例子是以「數字」表達使用的東西，以「數」表達作成的東西。「這邊有寫上數字 1 到 9 的卡片。」作者也可如此導入「卡片」這個新專有名詞。

不同概念使用不同記號

不同概念應該使用不同記號。

> **不好的例子：不同概念使用相同記號**
>
> 令此運算法的執行時間為 $T(n)$，則 $T(n) \sim$
>
> 接著，討論平均的執行時間。後面的 $T(n)$ 表示平均執行時間，則 $T(n) \sim$
>
> 最後，調查最糟的執行時間。後面的 $T(n)$ 表示最糟的執行時間，則 $T(n) \sim$

在上述例子，執行時間、平均執行時間、最糟執行時間三個訊息全都以 $T(n)$ 一個記號表達。這會造成讀者混亂，我們應該如下使用不同記號表達不同概念。

> **改善的例子：使用加強記號區別**
>
> 令此運算法的執行時間為 $T(n)$，則 $T(n) \sim$
>
> 接著，令平均的執行時間為 $\overline{T}(n)$，則 $\overline{T}(n) \sim$
>
> 最後，令最糟的執行時間為 $T'(n)$，則 $T'(n) \sim$

上述例子中，對於執行時間、平均執行時間、最糟執行時間三個訊息，分別以 $T(n)$、$\overline{T}(n)$、$T'(n)$ 三種記號表達。這樣能夠預防讀者感到混亂。

　　這邊以文字 T 為基底,使用加上橫槓記號的 $\overline{T}$、加上角分記號的 T'。像這樣加上加強記號可表示「相似卻不同的訊息」,其他還有 $\hat{T}$、$\tilde{T}$、$\check{T}$、$\acute{T}$、$\ddot{T}$、$\breve{T}$、$\grave{T}$,有時也會像 T^* 在右上角標上記號。

　　除了在基礎文字上附加記號,有時也會如下使用完全不同的文字。

> 改善的例子 2:使用不同文字
>
> 令此運算法的執行時間為 $T(n)$,則 $T(n)\sim$
>
> 接著,令平均的執行時間為 $A(n)$,則 $A(n)\sim$
>
> 最後,令最糟的執行時間為 $W(n)$,則 $W(n)\sim$

　　在上述例子,分別用 $T(n)$、$A(n)$、$W(n)$ 代替 $T(n)$、$\overline{T}(n)$、$T'(n)$(“A” 為 Average、“W” 為 Worst)。雖然這樣也可明確區分,但沒有 T 這個的共通文字,失去「它們是相似訊息」的線索。

　　數學上也有使用文字列,像 $T(n)$、$T_{平均}(n)$、$T_{最糟}(n)$ 直接表示意思的方法。然而,如果文章中出現大量這種式子,有些讀者會感到厭煩。

修正對應

　　寫作文章時,應該注意字詞的對應。

比如，「溫度很燙」的敘述不正確，「溫度」不是用「燙／冰」而是用「高／低」來表達。所以，正確的敘述方式應該是「溫度很高」或者「物體很燙」。

× 溫度燙

○ 溫度高

「解開定理」的敘述不正確，「證明定理」或者「表明定理」才是正確的表達方式。定理沒辦法「解開」，「方程式」「問題」才能「解開」。

× 解開定理

○ 證明定理

○ 表明定理

× 證明方程式

○ 解開方程式

「函數 $f(x)$ 成立」的敘述不正確，「成立」用於決定主張的真偽。$f(x) = 0$、$f(x) > 0$ 是能夠決定真偽的主張，所以可寫「$f(x) = 0$ 成立」「$f(x) > 0$ 成立」。「命題 P 成立」是正確的表達方式。

× 函數 $f(x)$ 成立

○ 等式 $f(x) = 0$ 成立

　　　　○　命題 P 成立

　　實數不是用「多／少」而是用「大／小」來表達。少
和小的字差一撇，需要小心注意。

　　　　×　滿足條件的最少實數 r
　　　　○　滿足條件的最小實數 r

　　人數、個數不是用「大／小」而是用「多／少」來表
示。

　　　　×　滿足條件的最小人數
　　　　○　滿足條件的最少人數

僅導入必要文字

　　寫作文章時，應該僅導入必要文字。
　　比如，下述句子導入了 G 與 p 兩個文字。

　　　　群 G 的階 p 為奇數時，～成立。

　　如果文章後面會繼續出現 G 與 p，那就沒有關係，否則
沒有必要導入這些文字，可像這樣不寫出文字：

　　　　群的階為奇數時，～成立。

文字太多反而會增加讀者的負擔，所以僅導入必要文字即可。

簡化下標

列舉集合 A 的元素時，會像這樣使用下標：

$$A = \{a_1,\ a_2,\ a_3,\ \ldots\}$$

a_k 的 k 部分為下標。下標是小文字，注意不要過於複雜。

寫「集合的集合」「列的列」「一覽的一覽」時，可能會像 a_{k_k} 這樣使用雙重下標，需要特別注意。作者應該盡可能避免雙重下標。

對「集合的集合」的元素使用下標記為 A_k，則 A_k 的元素會像 a_{k_j} 這樣表示。若不使用 A_k 而用 A 來說明，就能夠避免雙重下標。

$e^{i\pi}$ 的指數部分 $i\pi$ 部分也是小文字。如果指數部分複雜，將 $e^{指數部分}$ 改寫為 $\exp$（指數部分）會比較容易閱讀。比如下述式子：

$$e^{\frac{1}{12x} - \frac{1}{360x^3} + \frac{1}{1260x^5} - \frac{1}{1680x^7} + \frac{1}{1188x^9}}$$

改成這樣會比較容易閱讀：

$$\exp\left(\frac{1}{12x} - \frac{1}{360x^3} + \frac{1}{1260x^5} - \frac{1}{1680x^7} + \frac{1}{1188x^9}\right)$$

確認定義、確認指示詞

在定義專有名詞時，應該確認定義有發揮功能。定義有沒有發揮功能，可將專有名詞換成定義來檢查。

同理，當出現「這」「那」「這個」「那個」等指示詞時，也要確認該詞是在指示什麼，可將指示詞換成「指示的東西」來確認。

省略的刪節號

寫作文章時，應該注意省略列舉時的刪節號。

當元素為有限個（n 個）時，會像這樣敘述：

令元素為 $a_1, a_2, \cdots, a_n$

注意刪節號的前後也會加入逗號（,），不可像這樣省略逗號：

$\times$　令元素為 $a_1, a_2 \cdots a_n$

想要表達一般項 a_k 時，會像這樣加入：

令元素為 $a_1, a_2, \cdots, a_k, \cdots, a_n$

此時，也要注意不可忘記逗號。

若為無限個，會像這樣敘述：

令元素為 $a_1, a_2, \cdots$

想要表達一般項 a_k 時，會像這樣敘述：

令元素為 $a_1, a_2, \cdots, a_k, \cdots$

刪節號前面的具體元素，通常會列舉 2 個、3 個。

列舉 2 個的情況　　$a_1, a_2, \cdots$

列舉 3 個的情況　　$a_1, a_2, a_3, \cdots$

根據預設讀者的不同，有時也會像 $a_1, \cdots$ 僅列舉 1 個元素，但這樣有些大膽。一篇文章的列舉個數要統一。

作者不可胡亂增加刪節號的個數。

○　令元素為 $a_1, a_2, \cdots$

×　令元素為 $a_1, a_2, \cdots\cdots$

○　因此，$1 = 0.999\cdots$ 成立

×　因此，$1 = 0.999\cdots\cdots$ 成立

另外，也要注意刪節號的位置，下面的刪節號應該降低位置：

令元素為 $a_1, a_2, \cdots$

　　若是沒有逗號直接排列數字的場合，刪節號應該提高位置：

　　○　因此，$1 = 0.999\cdots\cdots$成立

　　×　因此，$1 = 0.99.......$成立

然而，不同出版社可能有自家的規定。

列舉順序要統一

　　在說明列舉的事物時，不可中途改變順序。如果一開始是以A、B、C的順序提出，就得一直用A、B、C的順序說明。

不好的例子：順序沒有統一

　　這邊來調查隨時間變化的光強度。令紅色、綠色、藍色的光強度為 $r(t)$、$g(t)$、$b(t)$，則下述式子成立：

$$\begin{cases} b(t) = 3\gamma \\ g(t) = 3\alpha t^2 + 2\beta t + \gamma \\ r(t) = 2\alpha t - \gamma \end{cases}$$

關於 $b(t)$，～；關於 $g(t)$，～；關於 $r(t)$，～。

　　上述例子在敘述紅、綠、藍三色，但式子的順序沒有統一。一開始是 $r(t)$、$g(t)$、$b(t)$ 的順序，中途卻變成 $b(t)$、

$g(t)$、$r(t)$ 的順序。

下面是改成統一順序的例子：

改善的例子：順序統一

這邊來調查隨時間變化的光強度。令紅色、綠色、藍色的光強度分別為 $r(t)$、$g(t)$、$b(t)$，則下述式子成立：

$$\begin{cases} r(t) = 2\alpha t - \gamma \\ g(t) = 3\alpha t^2 + 2\beta t + \gamma \\ b(t) = 3\gamma \end{cases}$$

關於 $r(t)$，～；關於 $g(t)$，～；關於 $b(t)$，～。

在上述例子，統一以「紅色、綠色、藍色」及「$r(t)$、$g(t)$、$b(t)$」的順序來說明。像這樣統一順序進行說明，能夠減少讀者的訝異、混亂，讓讀者覺得容易閱讀。

我們也要注意上述例子中的「分別」，「紅色、綠色、藍色的光強度分別為 $r(t)$、$g(t)$、$b(t)$」的表達，已經表明這樣的對應：

紅色……$r(t)$

綠色……$g(t)$

藍色……$b(t)$

左式與右式的順序

不謹慎交換數學式的左右邊，會造成讀者混亂。

不好的例子：不謹慎交換左右式

大小為 n 的數列共有 $n!$ 種排列，且外部節點數最多 2^k 個。比較樹的所有排列都包含葉節點，所以下述不等式成立：

$$n! \leqq 2^h$$

取底為 2 的對數，則下式成立：

$$h \geqq \log_2 n!$$

上述例子在文章途中（取對數的地方）交換了左式與右式，這會讓讀者感到混亂。

改善的例子：不交換左右式

外部節點數最多 2^k 個，且大小為 n 的數列共有 $n!$ 種排列。比較樹的所有排列都包含葉節點，所以下述不等式成立：

$$2^h \geqq n!$$

取底為 2 的對數，則下式成立：

$$h \geqq \log_2 n!$$

上述例子沒有交換左式與右式，不等式一開始就寫成 $2^k \geq n!$。

另外，請注意第一個的句子，「……最多 $\underset{-}{2^k}$ 個……$\underset{-}{n!}$ 種排列」的出現順序，跟左式（2^k）與右式（$n!$）的出現順序一致。換言之，句子與式子之間也沒有交換左右邊。

一個句子要簡短

簡短的句子會比較好閱讀。

句子冗長的例子

令機率變數 X 的可能值為 $c_0, c_1, c_2, \cdots, c_k, \cdots$。$X = c_k$ 成立的機率記為 $\Pr(X = c_k)$，機率變數 X 期望值定義為 $E[X] = \sum_{k=0}^{\infty} c_k \cdot \Pr(X = c_k)$，則機率變數 $X + Y$ 的期望值會是 $E[X + Y] = E[X] + + E[Y]$。

在上述例子，僅用一個句子說明了下述 4 點：

- $c_0, c_1, \ldots, c_k, \ldots$
- $\Pr(X = c_k)$
- $E[X] = \sum_{k=0}^{\infty} c_k \cdot \Pr(X = c_k)$
- $E[X + Y] = E[X] + E[Y]$

雖然情況會因預設讀者而不同，但分別敘述通常比較容易閱讀。

　　而且，這個句子還敘述了「期望值的定義」與「$X+Y$ 的期望值」，將這兩點分開說明會比較好。

簡短句子的例子

　　將機率變數 X 的期望值 $E[X]$ 定義如下：

$$E[X] = \sum_{k=0}^{\infty} c_k \cdot \Pr(X = c_k)$$

其中，

- $c_0, c_1, c_2, ..., c_k, ...$ 為機率變數 X 的可能值
- $\Pr(X = c_k)$ 為 $X = c_k$ 成立的機率

此時，下式成立：

$$E[X+Y] = E[X] + E[Y]$$

　　上述例子中，將最為重要的「期望值的定義」另立一行來說明，不但讓數學式變得顯眼，也條列項目說明使用的記號。如此一來，讀者容易瞭解哪邊是重要語句。

　　句子會顯得冗長，是因為勉強在裡頭塞進一堆訊息。作者應該做的不是勉強塞進訊息，而是向讀者傳達重要的訊息是什麼、訊息的相互關係為何。

4.3 給予讀者線索（詮釋資料）

詮釋資料

穿插數學式的文章，作者得讓讀者清楚理解數學式的意義。此時，作為理解線索的**詮釋資料**能夠帶來幫助。

詮釋資料（metadata）是指「描述其他資料訊息的資料」，比如下述問題的答案：

- 那邊出現的 P 是什麼意思？
- 該主張是定義還是定理？

這些詮釋資料是讀者理解文章時的重要線索。

文字的詮釋資料

文字要賦予詮釋資料。

> 不好的例子：沒有詮釋資料
>
> 假設 P 位於 C 上。

在上述例子，出現了 P 和 C 兩個文字，卻不曉得代表什麼意思。

> 改善的例子：有詮釋資料
>
> 假設點 P 位於曲線 C 上。

上述例子直接表明「點P」「曲線C」，讀者自然能夠看懂文字的意義。這邊的「點」「曲線」就是詮釋資料。

不好的例子：沒有詮釋資料

a、b、c 滿足 $a^2 + b^2 = c^2$ 時，(a, b, c) 稱為畢氏三元數。

上述例子中，我們不曉得 a、b、c 等文字代表什麼意思。或許從文章的前後脈絡能夠推測 a、b、c 為自然數，但寫作文章時不建議像這樣讓讀者來推測。這不僅會對讀者造成負擔，也有可能失去正確性。

比如，我們可以如下改善：

改善的例子：有詮釋資料

自然數 a、b、c 滿足等式 $a^2 + b^2 = c^2$ 時，三自然數組 (a, b, c) 稱為畢氏三元數。

上述例子將「a、b、c」寫成「自然數a、b、c」，賦予詮釋資料。如此一來，a、b、c 代表什麼就非常清楚。

此外，「等式 $a^2 + b^2 = c^2$」「三自然數組 (a, b, c)」賦予了詮釋資料，讀者能夠自然閱讀下去。

然而，需留意「自然數」這個名詞。在日本的小學到高中，「自然數」多指 1、2、3、……等「1以上的整數」，但在大學、一般數學書籍中的自然數有時也包含了 0。

因此，根據不同的預設讀者，建議最好直接說明自然數的意義，或者避開「自然數」這個術語，使用「非負整數（0、1、2、……）」「正整數（1、2、3、……）」。擬定考試題目時，自然數的定義會對解答帶來很大的影響，需要特別留意。

數的詮釋資料

詮釋資料能夠明確化作者的意圖。

> **不好的例子：沒有詮釋資料**
> 將 $\frac{8}{30}$ 的 8 與 30 分別除以 2，可得 $\frac{4}{15}$。

上述例子中，$\frac{8}{30}$、8、30、2、$\frac{4}{15}$ 沒有詮釋資料。雖然主張沒有錯誤，但作者的意圖不清不楚。

> **改善的例子：有詮釋資料**
> 將分數 $\frac{8}{30}$ 的分子 8 與分母 30，分別除以最大公因數 2，可得最簡分數 $\frac{4}{15}$。

像上述例子稍微補充詮釋資料，作者的意圖就變非常明確。

明確詮釋資料的意義

只有在讀者理解詮釋資料的術語意義時，詮釋資料才能帶來幫助。比如，想要寫出：

正規擴張 $L/K\sim$

讀者得先知道「正規擴張（normal extension）」的意義。作者必須先讓讀者理解作為詮釋資料的術語。

然而，有時稍微改變表達方式，術語的意義會出現巨大的變化。比如，

自同構 σ

與

體 K 上的自同構 σ

兩者僅在敘述上差了「體 K 上的」的有無，意思卻大不相同。如果預設讀者可能產生誤解，作者就得說明「體 K 上的」的有無會造成什麼影響。

另外，也有明明術語的敘述完全相同，卻因文章脈絡而有不同意思。比如，「階（Order）」這個群論術語，用於群與用於群的元素時的意義不同。如果讀者可能產生混亂，可視需要補充像「群的階」這樣的描述。

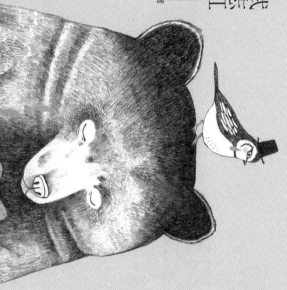

專業推薦

吳姵瑩 愛心理創辦人／諮商心理師
黃之盈 諮商心理師／作家
王意中 王意中心理治療所所長／臨床心理師

武志紅 著

會總為何你受傷

世茂 世潮 智富 出版集團
新北市新店區民生路19號5樓 電話：(02) 2218 3277 傳真：(02) 2218 3239

世茂

培養高自尊的
對話練習

自尊的養成是童年與家長、老師互動中形成的

本書舉出各種具體實例引導孩子紓解情緒、探索自我

具體讚美與批評，不幫孩子貼標籤

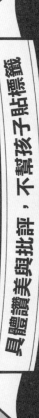

文字的使用方法

看到下面的句子，我們會一瞬間感到錯愕吧。

假設 x 為常數。

因為 x 這個文字不常用來代表常數。

哪個英文字母用來代表什麼，在某種程度上有約定俗成的習慣。因此，數學式中使用的文字，也是讀者在理解上的重要線索。

常見的文字用法如下：

a、b、c、d、e	作為常數
f、g、h	作為函數
i、j、k、l	作為下標
m、n	作為整數、下標
p、q	作為整數、質數
r、s、t、u、v、w	作為實數、參數
x、y、z	作為未知數、變數

因為有上述習慣，「$ax^2 + bx + c$」這個式子即便什麼都沒說明，也可以知道這是「未知數 x 的二次方程式」。遵循約定俗成的習慣，能夠減輕讀者的負擔。

然而，習慣終究只是用來減輕讀者負擔的提示，文字

代表什麼意思，還是要表明清楚。

是定義還是定理？

數學式的羅列不具任何主張。

不好的例子：數學式的羅列

$$f(x)=(x-\alpha)(x-\beta)$$
$$x=\alpha$$
$$x-\alpha=0$$
$$f(\alpha)=0$$

上述例子僅羅列數學式，沒有任何主張敘述，定義什麼、假設什麼、怎麼推論、導出什麼結論等，什麼思考流程都沒有。

改善的例子：寫出思考的流程

將函數 $f(x)$ 定義為 $f(x)=(x-\alpha)(x-\beta)$。

令 $x=\alpha$，則 $x-\alpha=0$。

因此，$f(\alpha)=0$ 成立。

上述例子直接表明詮釋資料，像這樣寫出思考的流程：

・將～定義為～。

・令～，則～。

・因此，～成立。

當文章一長，詮釋資料的功用會變得更為重要。一般來說，穿插數學式的文章會出現像下面這些主張：

・作為背景的訊息、思維、歷史
・已被證實的明白之事
・用來導入概念的已知現象
・定義
・定理（欲主張的命題）
・定理的證明
・定理的具體例子
・問題（對讀者提問）、解答
・其他

現在閱讀的部分，是作者用來表達概念所下的「定義」，還是待證明的新「定理」，讀者一旦判讀錯誤會產生巨大的混亂。為了避免讀者感到混亂，作者應該適當寫出詮釋資料。

最為確實的做法是，直接說明是定義、定理、證明、公理、引理、推論、例子，就能避免讀者產生誤解。

然而，即便不一一明說「定義 1.2」，有時只要適當整理句子即可。

「定義」的場合，我們可以如下敘述：

・將～定義為～

・將～稱為～

・將～記為～

・將～寫為～

「命題」的場合，我們可以如下敘述：

・～成立

・可說是～

經由推論導出命題的場合，可以如下敘述：

・由～可知，～成立。

・因此，～成立。

・所以，可說是～。

其中，眾所皆知的定理、其他文獻有記載證明的定理，有時會像這樣表達：

・已知～成立。

「具體例子」可以如下提出：

・比如，～。

・舉例來說，～。

數學書籍中，有時會將「可由～推導出命題 Q」表達為「可由～得知命題 Q <u>為真</u>」

連接詞是路標

連接詞是引導讀者的路標。

「然而」「另外」「因此」「另一方面」「由上可知」「比如」「但是」等字詞，發揮引導讀者在文章這座森林中遊走的功能。

文章中出現「比如」，讀者就知道「要舉出具體的例子」；出現「由上可知」，讀者就知道「要寫出結論」。

換言之，讀者可在閱讀連接詞後面的句子之前，做好心理準備。這對讀者來說是一大幫助。

相反地，如果作者誤用連接詞，讀者馬上就會迷路，需要審慎注意。

去除含糊不清的地方

作者應該去除文章含糊不清的地方。

不好的例子：含糊不清的文章

使用標有 1、2、4、8、16 的硬幣，決定支付的指定金額。……

　　上述例子哪裡含糊不清呢？最明顯的地方是不曉得「硬幣有幾枚？」

　　比如，我們可以改善如下：

改善的例子

　　面額 1 元、2 元、4 元、8 元、16 元的硬幣各有一枚。使用這些硬幣決定支付的指定金額。……

　　上述例子補充了「各有一枚」，去除含糊不清的地方。

　　另外，不好的例子是用一個句子敘述內容，但改善的例子分成兩個句子，第一個句子敘述硬幣的狀況，第二個句子表明使用硬幣執行的課題。透過像這樣分成兩個部分，可減輕讀者在閱讀上的負擔。

另起一行書寫數學式

　　如果想要強調主張，可另起一行書寫數學式。

　　另起一行數學式是指，不內嵌於文章中直接獨立為段落的數學式，又稱為**行間數學式**。另起一行來書寫，可讓讀者清楚知道該數學式很重要。

> **沒有另起一行書寫的例子**
>
> 　　令直角三角形的三邊為 a、b、c，假設 c 為斜邊。此時，由三平方定理可知，$a^2 + b^2 = c^2$ 成立。

上述例子沒有什麼問題。然而，若想向讀者表明等式 $a^2 + b^2 = c^2$ 特別重要，可如下另起一行書寫數學式：

> **另起一行的例子**
>
> 　　令直角三角形的三邊為 a、b、c，假設 c 為斜邊。此時，由三平方定理可知下式成立：
>
> $$a^2 + b^2 = c^2$$

另外，錯誤的例子不要另起一行書寫，因為可能讓讀者產生誤解。

> **不好的例子：另起一行書寫誤例**
>
> 　　但是，因為有破壞資料庫的風險，不可使用 `stopThread` 指令：
>
> ```
> worker.stopThread();
> ```
>
> 想要中斷程式的場合，請用 `interruptThread` 指令。

在上述例子，將不可使用的情況另起一行書寫，這有可能讓糊塗的讀者記下錯誤的用法。

> **改善的例子：不另起一行書寫誤例**
>
> 　　但是，因為有破壞資料庫的風險，不可使用 stopThread 指令。想要中斷程式的場合，請用 interruptThread 指令。
>
> 　　worker.interruptThread();

　　上述改善例子中，將應該使用的場合另起一行書寫。如果一定要另起一行書寫錯誤做法，就得表明清楚哪邊是錯誤的，並且一併寫出正確的做法。

> **另起一行書寫錯誤作法的例子**
>
> 　　但是，因為有破壞資料庫的風險，不可使用 stopThread 指令。
>
> 　　×錯誤
> 　　worker.stopThread();
>
> 想要中斷程式的場合，請用 interruptThread 指令。
>
> 　　○正確
> 　　worker.interruptThread();

　　上述例子中，對錯誤做法明確標示了「×錯誤」，這樣能夠減少讀者產生誤解的風險。

對齊等號

在跨越不只一行的數學式，等號要縱向對齊。

不好的例子：等號沒有對齊

$$(a+b)(a-b) = (a+b)a-(a+b)b$$
$$= aa+ba-ab-bb$$
$$= a^2-b^2$$

上述例子僅將各行置中而已，等號（＝）沒有對齊。這樣數學式難以閱讀。

改善的例子：等號對齊

$$(a+b)(a-b) = (a+b)a-(a+b)b$$
$$= aa+ba-ab-bb$$
$$= a^2-b^2$$

像上面這樣對齊等號（＝）後，就變得容易閱讀了。

將文章中的數學式換成「某某」*

穿插數學式的文章，即便將數學式替換成「某某」，也要能夠閱讀。換言之，縱使塗掉數學式，文章的結構也必須正確無誤。

---

* 原文為「ほげほげ」，為日本專用的程式設計術語，用來形容「隨便取的名字」、「任何可替換的」。英文稱為「foobar」。

穿插數學式的文章

假設給定一個 y 的三次方程式（$a \neq 0$）：

$$ay^3 + by^2 + cy + d = 0$$

進行下述的變數轉換：

$$y = x - \frac{b}{3a}$$

可得 x 的三次方程式：

$$x^3 + px + q = 0$$

其中，p、q 包含 a、b、c、d。

將數學式換成「某某」

假設給定一個 y 的三次方程式（某某）：

某某

進行下述的變數轉換：

某某

可得 x 的三次方程式：

某某

其中，p、q 包含 a、b、c、d。

　　像這樣將數學式替換成「某某」，雖然會不明白其中的意思，但可以確認文章結構。

　　下述文章哪裡不對勁嗎？

結構奇怪的文章

　　假設自然數 k 滿足 $P(k)$，

$$1+3+5+\cdots+(2k-1) = k^2$$

兩邊加上（$2(k+1)\text{-}1$）整理，

$$1+3+5+\cdots+(2k-1)+(2(k+1)-1) = (k+1)^2$$

$P(k+1)$ 成立。

　　這邊試著將複雜的數學式換成「某某」來確認結構吧。

用「某某」確認不好例子的文章結構

　　假設自然數 k 滿足 $P(k)$，

某某

兩邊加上（某某）整理，

某某

某某成立。

上述例子中，有兩個地方不完整，句子虎頭蛇尾的。

補充字詞完整結構的文章

假設自然數 k 滿足 $P(k)$，<u>則下式成立：</u>

$$1+3+5+\cdots+(2k-1) = k^2$$

兩邊加上（$2(k+1)$-1）整理，<u>可得：</u>

$$1+3+5+\cdots+(2k-1)+(2(k+1)-1) = (k+1)^2$$

<u>換言之，</u>$P(k+1)$ 成立。

書寫數學式時，內容固然重要，但在文章中是否確實完結也很重要。我們可以將數學式換成「某某」，幫助確認文章是否確實完結。

4. 4 　本章學到的事

本章討論了數學式與命題，並學到下述重點：

・不讓讀者感到混亂。

・給予讀者線索（詮釋資料）

兩者都可說是為讀者設想的要點。

下一章中，我們會討論大幅影響理解難度的「舉例」方式。

第 5 章

舉　　例

5.1　本章要學習什麼？

本章中，我們會討論怎麼舉出好的例子。

舉例可以幫助讀者理解。不斷閱讀抽象的說明，讀者會浮現疑問：「具體來說是怎麼回事？」看完具體例子後，能夠有所領悟「啊，是這麼回事啊！」因此，說明文舉出例子是很重要的。

然而，並不是說隨便舉個例子就好。適當的舉例能夠幫助讀者理解，但不適當的舉例會讓讀者產生誤解，阻礙其理解。

另外，「例子」又有「具體例子」「實例」等多種說法，本章統稱為「例子」。本章會舉出「舉例的例子」供各位參考。

5.2　基本思維

首先，先來討論舉例時的基本思維。

典型的例子

舉例時，使用典型的例子。

> **不好的例子：不是典型的例子**
>
> 　　1 以上的整數稱為自然數，比如 3251837 是自然數。

雖然上面舉了一個 3251837 作為自然數的例子，但這不是好例子。因為 3251837 不能說是代表自然數的典型整數。

> **改善的例子：典型的例子**
>
> 　　1、2、3、……等 1 以上的整數稱為自然數。

在上述的改善例子，以 1、2、3、……作為自然數的例子，看到便能瞭解：「啊，這些整數稱為自然數啊！」

讀者會認同典型例子。

極端的例子

舉出典型的例子後，接著可追加極端的例子。

> **追加極端的例子**
>
> 1、2、3、……等 1 以上的整數稱為自然數。因為是 1 以上的整數，像 3251837 如此大的整數也是自然數。

雖然上面使用了剛才不太自然的 3251837 例子，但感覺並不差。這是因為文章已經向讀者提示「1、2、3、……」的典型例子，舉出典型例子之後，才提出 3251837 作為非常大的自然數例子。

舉例時，必須注意「這是針對哪個說明的例子？」雖然 3251837 不適合當作「典型自然數」的例子，卻可以作為「非常大的自然數」的例子。

不過，作為「非常大的自然數」的例子，3251837 是最適合的嗎？或許，100000000（1 億）等單純的例子更為合適也說不定。

不符合的例子

同時舉出「符合的例子」與「不符合的例子」，能夠加深讀者的理解。

也可舉出不符合的例子

　　1、2、3、……等 1 以上的整數稱為自然數，而 0、
−1 不是自然數。

　　上面舉出 1、2、3、……作為符合自然數的例子；舉出
0、−1 作為不符合自然數的例子。讀者讀到這邊可知道：
「原來如此，因為條件是 1 以上，所以 0、−1 不是自然
數。」

　　舉出 −1 的例子，讀者可能也會聯想：「原來如此，
−2、−3、−4 等負數都不是自然數。」好的例子能夠引導讀
者的思考。

　　接著來看稍微長篇的文章：

符合的例子與不符合的例子

　　自然數 a 和 b 的最大公因數為 1 時，稱「a 和 b 互
質」。比如，12 和 7 的最大公因數為 1，所以 12 和 7 互
質。另一方面，12 和 8 的最大公因數為 4 而不是 1，所
以 12 和 8 不互質。

　　上面對於「互質」舉出了兩個例子，互質的例子（12
和 7）與不互質的例子（12 和 8），前者為「符合的例
子」；後者為「不符合的例子」。

　　雖然舉出許多互質的例子（符合的例子）不壞，但舉出不互質的例子（不符合的例子）可幫助讀者理解。如同對比強烈的相片，會清楚浮現欲說明的概念。

　　上面舉的兩組例子分別由兩個自然數組成，請注意這個自然數的選法。

　　12 和 7　　互質的例子（符合的例子）
　　12 和 8　　不互質的例子（不符合的例子）

　　2 個自然數的其中一個（12）共通，另一個為接近的數字（7 及 8）。換言之，12 和 7、12 和 8 為相似的兩組自然數，但前者為「符合的例子」，後者為「不符合的例子」。這邊選擇了外觀相似卻性質相異的兩組例子。

　　如果像下面這樣選擇外觀迥異的兩組例子，會讓焦點變得模糊。

焦點模糊的例子

　　自然數 a 和 b 的最大公因數為 1 時，稱「a 和 b 互質」。比如，12 和 7 的最大公因數為 1，所以 12 和 7 互質。另一方面，36 和 44 的最大公因數為 4 而不是 1，所以 36 和 44 不互質。

上面舉出「12 和 7」與「36 和 44」數字迥異的兩組例子，因為兩者過於不同，使得這邊想要說明的「互質」概念變得不清楚。

一般性例子

在舉一般例子的時候，不要附加特殊條件。

比如，在一般性說明平面上的三點時，不可將三點排在一直線上。

敘述一般整數的性質時，應該盡可能避免使用 1、質數、質數的冪作為例子。

再來，說明一般的三角形時，不可穿插直角三角形、正三角形等特殊的三角形，因為它們附加了「具有直角」、「三邊相等」等條件。

考慮讀者背景知識的例子

例子能夠幫助讀者理解，所以舉例時必須考慮讀者具備的知識。

建議從讀者容易理解、熟知、熟悉的事物開始舉例。如果作者十分清楚預設讀者是什麼樣的人，就能舉出更加適當的例子。

以舉數學「函數」的例子來說。若是讀者不習慣數學式，那麼 $y = \sin x$、$y = e^x$ 等式子就不適合作為函數的例子。在理解「原來如此，函數是這樣的東西啊！」之前，讀者會先產生疑問：「這個 $\sin x$ 是什麼？e^x 又是什麼？」

對於不習慣數學式的讀者來說，建議使用圖表作為函數的例子。因為日常生活上常可看見圖表，即便是不習慣數學式的讀者也很有可能理解。此時，如果不舉出數學式，可用 $y = \sin x$、$y = e^x$ 的圖表來說明。

舉例三角形時，三角規是不錯的例子，讀者大多都知道三角規這項文具。然而，「平分正方形的三角形」、「平分正三角形的三角形」三角規附加了非常特殊的條件，所以不適合作為一般三角形的例子。

5.3　說明與舉例的對應

舉例是為了讓讀者理解說明，所以說明與舉例必須確實對應。

內容的對應

舉例必須跟說明的內容對應。

不好的例子：說明與舉例沒有對應

　　元素改變順序後，集合仍舊不變。比如：

$$\{1,2,3,4,5,6,7\}$$

與

$$\{3,1,4,4,5,5,2,2,6,7\}$$

兩個集合相等。

　　上述例子先說明「元素改變順序後，集合仍舊不變。」然後舉例。然而，

- $\{1,2,3,4,5,6,7\}$
- $\{3,1,4,4,5,5,2,2,6,7\}$

　　這兩個集合不僅「順序」不同，還出現「有無重複」的情況。這會讓讀者感到混亂。

　　建議像下面這樣讓說明與舉例對應，改為「僅元素順序不同的例子」。

改善的例子：說明與舉例有對應

元素改變順序後，集合仍舊不變。比如：

$$\{1,2,3,4,5,6,7\}$$

與

$$\{3,1,5,4,2,6,7\}$$

兩個集合相等。

另外，請注意上述例子並非所有元素皆改變順序，1、2、3、5 的順序不同，但 4、6、7 保持原狀，沒有附加「所有元素的順序皆改變」的特殊條件。

標記的對應

說明與舉例的表記要對應。

不好的例子：說明與舉例的對應不清楚

令自然數 a、b 的最大公因數為 A，最小公倍數為 B。此時，下式成立：

$$ab = AB$$

比如，18、24 的最大公因數與最小公倍數為 6 和 72，相乘計算分別為：

$$18 \cdot 24 = 432$$
$$6 \cdot 72 = 432$$

確實成立。

　　上面的說明與舉例沒有對應清楚，因為 18、24、6、72 等具體數字的意義不明，即便作者寫出「確實成立」，讀者也不會認為「的確是這樣」。

　　而且，雖然令自然數 a、b 最大公因數與最小公倍數分別為 A、B，但這並非適當的文字選擇，因為 a 和 A、b 和 B 看起來像是有直接關係。

　　我們可以改成如下的文章：

改善的例子：說明與舉例的對應清楚

　　令自然數 a、b 的最大公因數為 M，最小公倍數為 L。此時，下式成立：

$$ab = ML$$

　　比如，$a = 18$、$b = 24$ 時，最大公因數 $M = 6$、最小公倍數 $L = 72$，計算 ab 與 ML 分別為：

$$ab = 18 \cdot 24 = 432$$
$$ML = 6 \cdot 72 = 432$$

$ab = ML$ 確實成立。

上面直接將說明中的a、b、M、L等文字用於舉例中，可以清楚知道說明與舉例的對應。

另外，此處兩種計算方式的結果皆為432也很重要，所以將出現432的兩處縱向對齊。

最後，請看主張「確實成立」的地方。為了明確化什麼而成立，不應該直接寫成：

確實成立

而是寫成：

$ab = ML$ 確實成立

對應的確認

舉例後可以如下統整，確認說明與舉例的對應。

這是「某某」的例子。

這樣能夠表明現在舉的例子對應哪個部分的說明。在長篇例子中，讀者有時會忘記正在說明什麼事情，此時會特別有效果。

另外，對應的確認遵循下述順序：

說明→舉例

　　具有讓讀到這邊的讀者，將注意力從舉例拉回說明上的效果。

　　如果沒有好好確認說明與舉例的對應，讀者可能陷入「這邊說明得很具體，能夠瞭解在說什麼，但我不曉得作者到底想要表達什麼」的情況。

　　作者自己當然知道「這是在說明什麼的例子」，但對讀者來說就未必如此。作者需要刻意寫出「這是在說明什麼的例子」，確認說明與舉例的對應。

對應例子的存在

　　如果例子需要長文解說、詳細的條件設定，則要換段落或者小節來舉例。

　　此時，作者可以像這樣告知讀者：

　　具體的例子在下一節說明。

　　如此一來，讀者會產生「後面有相關例子，我再努力繼續看下去吧」的意欲。

5.4 舉例的功用

這邊稍微換個視點,討論一下「舉例的功用」。

描述概念

舉例會在讀者的心中描述概念。

舉出 1 作為自然數的例子時,讀者會在心中以 1 為中心描繪自然數的意象。進一步舉出 2、3 的例子後,自然數的概念意象會愈加正確。這就像是以幾個代表樣點繪成圖形。

舉出 − 1 作為不是自然數的例子時,讀者心中對自然數的概念意象會瞬間鮮明起來。這就像是畫出圖形的背景形成對比。

在概念境界線上的例子也很重要。這就像是在圖形的周圍加上邊框。

舉出適當的例子,能夠幫助讀者在心中描繪出正確的概念模樣。

輔助說明

舉例能夠輔助以文章、數學式構成的說明。

文章對於正確表達概念很重要，尤其在嚴謹表達概念時，更是不可欠缺穿插數學式的文章。然而，僅用文章、數學式說明概念，會顯得又長又抽象，讀者容易覺得：「雖然大致瞭解，但還是不太懂。」

適當的例子能夠跨過文章、數學式，直達讀者的內心。在讀者閱讀說明、進入「大致瞭解」的狀態時，例子能夠強化理解。

正因為如此，舉例時得有意識地對應說明才行。

5.5　舉例時的心態

本章中，我們具體討論了切合文章的舉例方法。這邊再來介紹兩個「心態」。

不炫耀自己的知識

舉例是用來幫助讀者理解內容的方法，不是作者用來炫耀知識的手段。

「我可是知道這麼困難的例子喔！」抱著如此驕傲的心態舉例，作者有可能陷入自我感覺良好而漏舉典型的例

子或者舉出偏離欲說明內容的例子。

　　舉例時應該詢問自己：「這個例子能夠幫助讀者理解嗎？」

質疑自己的理解

　　好的例子來自於好的理解，如果自己沒辦法舉出好的例子，先懷疑自己是否真的理解。

　　舉例說不了謊。對某個說明舉不出好的例子時，可能是自己理解不充分，甚至有可能是自己的說明有錯誤。

　　《數學女孩》系列書籍中出現了「**舉例為理解的試金石**」的標語。這個標語簡單來講就是：

> 若想要測試自己是否理解，
> 就試著舉例看看吧。
> 如果舉得出例子，表示你有理解；
> 如果舉不出例子，表示你還沒有理解。

舉例，可說是測試自己「是否理解」的試金石。

　　自己都瞭解得不夠充分了，更不用說要寫出讓讀者理解的文章。

　　寫作時應該詢問自己：「我對這個概念有理解到能夠舉出好的例子嗎？」

5.6　本章學到的事

本章中我們學習了舉例的方法。

透過下面這些「舉例的例子」，瞭解了舉例時的基本思維：

- 典型的例子
- 極端的例子
- 不符合的例子
- 一般性的例子
- 考慮讀者知識的例子

另外，我們也學到下述內容：

- 說明與舉例的對應
- 描繪概念、輔助說明的舉例功能
- 舉例時的心態

好的例子能加深讀者的理解、產生強烈的認同感，並且給予讀者繼續往下讀的動機。

好的例子也可以是對讀者的「提問」。拋出具體的例子詢問「瞭解了嗎？」讀者便可確認自己是否瞭解。若能有節奏地進行這樣的確認，文章會變得非常容易閱讀。

　　那麼，該如何進行這樣的提問呢？我們將在下一章〈問與答〉中進行討論。

第 6 章

問與答

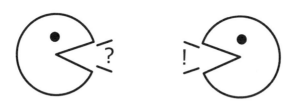

6.1　本章要學習什麼？

可以說「任意自然數不是質數就是合數」嗎？

　　作者像這樣提問後，讀者會開始思考來回答。

　　不管讀者推導出什麼樣的答案，重要的是讓讀者深入思考作者的提問。作者適當地提問能夠促進讀者理解。

本章會依照下面順序說明「問與答」：

- 問與答要呼應
- 怎麼提問
- 問什麼？何時問？

本章中會統合使用「問」與「答」這兩個術語，將所有作者對讀者提出的問題稱為「問」，將所有針對問的解答稱為「答」。

比如，嵌入文章中的「詢問」、置於章節最後如問題 1-1 的「章末問題」，全部都稱為「問」。

6.2　問與答要呼應

有問必有答

有問必有答。

對讀者拋出問題後，後面就要給予回答。

不好的例子：問而不答

那麼，可以說「任意自然數不是質數就是合數」嗎？1 不是質數也不是合數，稱為單數。

上述例子中，明明對讀者詢問「可以說～嗎？」卻沒有回答。雖然拋出問題後馬上敘述「既不是質數也不是合數」，好像已經回答了問題，但這不像「對的，可以這麼說。」或者「不對，不可以這麼說。」有明確的答案，屬於不好的例子。

上述例子可以如下改善：

改善的例子：有問有答

那麼，可以說「任意自然數不是質數就是合數」嗎？不對，不可以這麼說。1是自然數，但它既不是質數也不是合數，稱為單數。

上述的改善例子中，問完後有明確回答：「不對，不可以這麼說。」這樣能夠解開讀者內心的疑惑。雖然文學作品有對讀者拋出問題作為結尾的手法，但說明文不能問而不答。這就像是以不完全終止符作結的樂曲，令人感到不自然。

當然，如同數學的未解決問題，也有尚未找到答案的問題。此時作者需向讀者表明：「這個問題尚未找到答案。」

例子：即便沒有答案，也要回答問題

調和數與對數函數的差會收斂於歐拉常數 γ。這個 γ 是否為有理數？其實，目前還不曉得 γ 是不是有理數。多數學者猜測 γ 不是有理數，但該猜測尚未獲得證實。

上述例子提問了「是否為有理數」，照理來說應該回答：「對的，是有理數。」「不對，不是有理數。」然而，這是尚未解決的問題，所以改成回答：「目前還不曉得 γ 是不是有理數。」雖然數學問題依舊沒有解決，但這可以作為文章提問的回答。

問與答要呼應

問與答必須相呼應。

不好的例子：問與答沒有呼應

問：關於任意實數 x，下式成立嗎？

$$x^2 > 0$$

答：$x = 0$ 為反例。

上述例子問了「成立嗎？」所以必須回覆：

・成立

・不成立

　　然而，上述例子僅寫出「$x = 0$ 為反例。」沒有回答「成立」或者「不成立」。這是不好的例子。

　　上述例子可以如下改善：

> **改善的例子：問與答有呼應**
>
> 　　問：關於任意實數 x，下式成立嗎？
>
> $$x^2 > 0$$
>
> 答：不成立，$x = 0$ 為反例。

　　上述例子中，對於「成立嗎？」回答了「不成立」，這樣就有確實呼應。回答時建議先表明「成立」或者「不成立」。

　　表明「成立」或者「不成立」後，再進一步說明回答的部分，比如敘述 $x = 0$ 除了是反例，也是唯一的反例；或者討論函數 $y = x^2$ 在 $x^2 > 0$ 時的意義。這樣的補充適不適當，會因預設讀者而不同。

　　雖然問「成立嗎？」可回答「是的／不是」，但回答「成立／不成立」會更為親切。

下面列舉了幾個「問與答的呼應」：

問	答
～成立嗎？	「成立／不成立」（是的／不是）
～可能嗎？	「可能／不可能」（是的／不是）
試證～	寫出證明。也可提出反例。
試舉～的例子	列舉例子。也可附加說明為什麼舉這個例子。
～的條件為何？	寫出條件

另外，在數學上詢問「條件為何？」時，一般是指「充分必要條件為何？」

沒有回答的提問

數學文章有時會出現沒有回答的問題。具有代表性的有「瞭解了嗎？」用於確認是否理解。

> **例子：確認是否理解**
>
> 如同上述，滿足 $x^2 = 2$ 的實數有 $\sqrt{2}$ 與 $-\sqrt{2}$。除了重根的情況之外，解有 2 個。瞭解了嗎？

上述例子中，對於「瞭解了嗎？」的提問，作者沒有寫出答案。讀者會在心中自答「有，瞭解了」或者「沒有，不太瞭解」吧。

這種情況的答案，已經存在於讀者的心中。

不過，市面上經常可以看到沒有附上問題解答的數學書籍。

沒有附上解答，讀者沒辦法在解題後「對答案」，便需要自己確認「這是正解嗎？」或者向教師再次確認「這樣正確嗎？」

不附上解答是作者的自由，但對讀者來說，尤其對自學的讀者來說，是件非常痛苦的事情。花費長時間努力作答，卻發現沒有解答時，讀者會大感失望吧。

解題的提示、參見參考文獻、問題的難易度等，建議至少在出題處表明「後面沒有解答」。

不拖延，直接回答

回答不要拖得太後面。

小說有時為了吸引讀者，會使用延宕答案的技法（懸疑），但說明文大多不會這麼做。

詢問形式的標題

文章有時會像「為什麼～是～？」「～是～嗎？」採用詢問形式的標題。詢問形式的標題能夠引起讀者的興趣。

　　然而，採用詢問形式的標題時，作者得在文章中確實回答該問題，切忌只為了引起讀者的興趣而採用詢問形式的標題。

6.3　怎麼提問？

　　上一節討論了「問與答要相呼應」，接著我們來講「怎麼提問？」

避免使用否定式提問

　　盡可能避免否定式問句。

> **不好的例子：使用否定式問句**
> 　　那麼，存在不滿足 $x^2 \geq 0$ 的實數嗎？

　　在上述例子，使用了「不滿足的實數」的否定形式，這樣的問句會讓讀者的思緒瞬間卡住。我們可以如下改善：

> **改善的例子 1：避免否定式問句**
> 　　那麼，任何實數皆滿足 $x^2 \geq 0$ 嗎？

　　上述的改善例子 1 中，將「存在不滿足～的實數嗎？」換成「任何實數皆滿足～嗎？」的問句。非否定式的問句讀起來比較順暢。

我們也可以像下面這樣改變條件式：

改善的例子2：避免否定式問句

　那麼，存在滿足 $x^2 < 0$ 的實數嗎？

上述的改善例子2中，將條件式從 $x^2 \geq 0$ 改為 $x^2 < 0$，迴避了否定形式。

　一般來說，避免否定形式的問題比較容易瞭解。那麼，絕對不可以使用否定式問句嗎？其實不然，比如剛才「絕對不可以使用否定式問句嗎？」的問句，就包含了否定形式，但讀起來很自然。

使用○×式來提問

　提問簡單知識時，「○×式」的效果不錯。

・～成立嗎？

・～正確嗎？

・可以說～嗎？

　這些全是能以「○或者×」回答的問句。「○×式」不論是提問還是回答都很簡單。

　然而，複雜內容就難用「○×式」來提問，例外的情況不好用「～成立嗎？」的問句來處理。

想要用「○或者×」回答複雜內容，必須嚴謹記述條件，但這樣可能失去「○×式」難得的簡單性。

雖然明確表示條件很重要，但比起過於追求細節的冗長記述，有時加入「一般來說、通常、大多數的情況」等字詞會比較好。

- 一般來說，～成立。
- 通常，～成立。
- 大多數的情況，～成立。

如果這樣做太過模糊不清，難以明確表示條件，就不要使用「○×式」。

使用提示來提問

提示能夠幫助讀者思考困難的問題。

例子：給予提示

問：證明下式：

$$\sum_{k=1}^{\infty} \frac{1}{k^2} = \frac{\pi^2}{6}$$

（提示：使用 p.123 的定理 3）

　　上述例子中，給予了「使用 p.123 的定理 3」的提示。
已經充分理解的讀者，可不參見「使用 p.123 的定理 3」，
直接以自己的力量證明；而未能充分理解的讀者，會翻回
p.123 的定理 3 再來努力證明。換言之，只要給予提示，單
一問題能夠對應理解程度不同的讀者。

　　提示，好比從起點到終點的中途「路標」。即便是一
個人無法到達終點的讀者，或許也可靠著適當的「路標」
抵達。

　　從起點到終點的路程中，在適當的位置給予提示吧。
在起點附近讀者能夠自己注意到的提示，或者到終點附近
才能發揮效用的提示，對讀者都沒有什麼幫助。

　　比如，在數學上會給予下面這些提示：

- 前面敘述定理、法則、公式名稱的頁數
- 數學的歸納法、反證法等證明方法
- 是要正面證明還是反面證明
- 找得到反例嗎？
- 類似的問題

提示難易度來提問

　　提示難易度提問的效果不錯。讀者對於提示的難易度，
能夠先做好心理準備來作答，透過解不解得開評估自己的

理解程度。

　　若有提示難易度，就能避免讀者沒有注意是困難的題目，感到意氣消沉：「我竟然連這樣的問題都解不出來。」相反地，也能避免讀者明明遇到簡單的問題，卻認為：「這肯定很困難，還是放棄吧。」

明確提問

　　提問時要明確。

　　問題不可僅有數學式。

不好的例子：僅有數學式的問題

$$\sum_{k=1}^{\infty} \frac{1}{k^2}$$

　　上述例子中，我們不曉得作者想要問什麼。

　　比如，下面這樣的問法就很明確。

改善的例子：明確問題

　　問：若下述無窮級數收斂，試求其收斂值；若不收斂，試證明其不收斂。

$$\sum_{k=1}^{\infty} \frac{1}{k^2}$$

　　像上述的改善例子提問，讀者就能夠清楚理解問題的內容。

　　計算方程式的根稱為「解題」，而表明命題成立稱為「證明」，「試證方程式」「試解命題」是錯誤的表達。

　　　○　試解方程式 $x^2 - 2x + 1 = 0$
　　　×　試證方程式 $x^2 - 2x + 1 = 0$

　　　○　試證命題 P
　　　×　試解命題 P

注意指示詞來提問

　　提問用到指示詞時，要表明該指示詞代指什麼。

不好的例子：指示詞代指對象不明確

定理 1：（關於定理 1 的說明）

定理 2：（關於定理 2 的說明）

定理 3：（關於定理 3 的說明）

問：試用此定理證明下式。

$$\sum_{k=1}^{\infty} \frac{1}{k^2} = \frac{\pi^2}{6}$$

　　上述例子中，問題敘述出現「此」這個指示詞。因為是緊接著寫「此定理」，所以應該是代指前面的「定理 3」，但這並不明確。我們可以如下改善：

改善的例子：去掉指示詞，直接記述

　　定理 1：（關於定理 1 的說明）

　　定理 2：（關於定理 2 的說明）

　　定理 3：（關於定理 3 的說明）

　　問：試用定理 3 證明下式。

$$\sum_{k=1}^{\infty} \frac{1}{k^2} = \frac{\pi^2}{6}$$

　　上述例子中，不使用「此定理」而是直接表明「定理 3」，問題內容明確。

　　各位或許會覺得這些小細節不重要，但其實不然。累積這些細瑣的改善，可以影響整篇文章的品質。

　　的確，對依序閱讀文章的讀者來說，可能光「此定理」就能理解代指什麼。然而，也有讀者是直接從問題開始看起。此時，像「定理 3」這樣直接記述，比較不會產生誤解。

提問簡單明瞭

提問時要簡單明瞭。

不好的例子：問題複雜難懂

問：這邊來討論 9 元的支付方式有多少種組合。假設每硬幣的面額皆差 1 元，比如 3 元的支付方式有 1 枚 3 元硬幣、1 枚 2 元硬幣和 1 枚 1 元硬幣、3 枚 1 元硬幣。順便一提，這稱為 3 的分割數，所以可說 3 的分割數為 3。那麼，9 元的支付方式有多少種組合？

上述例子有幾個缺點：

- 「說明」與「提問」混雜在一起。
- 「每硬幣的面額皆差 1 元」的意思難以理解。
- 「3 的分割數為 3」的意思難以理解。
- 「分割數」這個術語在後面沒有使用。

我們可以如下改善：

改善的例子：先說明再簡單提問

假設有面額 1 元、2 元、3 元、4 元、……的硬幣，討論合計 n 元的支付方式有多少種組合，將該組合的總數記為 P_n。

比如，3 元的硬幣支付方式有以下 3 種組合：

- 1 枚 3 元硬幣
- 1 枚 2 元硬幣和 1 枚 1 元硬幣
- 3 枚 1 元硬幣

所以 $P_3 = 3$。

問：試求 P_9。

上述例子做了下述幾個改善：

- 說明完背景知識後才提問。
- 使用條列項目，明確表示 3 種組合。
- 不導入「分割數」這個術語。
- 導入 P_n 的表記法。

其中，導入 P_n 的表記法是很棒的做法。多虧如此，問題才能變成像「試求 P_9」這樣簡單明瞭。

使用此表記法後，再導入「分割數」這個術語時也很方便，只需要加入「P_n 為 n 的分割數」就行了。

避免混亂提問

提問時，應該避免讓讀者感到混亂。

不好的例子：讓讀者感到混亂

　　問：下列哪一個是質數？

(1) 2

(2) 3

(3) 4

(4) 5

(5) 6

　　上面是很糟糕的例子，項目的編號與提示的數字相互干涉，讓人不好回答。順便一提，質數是「(1) 的 2、(2) 的 3 與 (4) 的 5」。

　　不過，上述例子不好的地方還不只如此。明明 2、3、4、5、6 中有好幾個質數，題目卻問：「哪一個是質數？」答案有幾個時，應該使用「選出所有的」這樣的表達方式。

　　我們可以如下改善：

改善的例子

問：從下列選出所有質數。

　　　　　　1　2　3　4　5　6

　　剛才不好的例子不知為何省略1，但上面的改善例子把1也加了進來，這樣比較直觀明瞭。

　　根據不同情況，問題也可改成「從1到6的整數中選出所有質數。」但像上面改善例子列舉出來，讀者比較容易思考。

　　在如考試問題需規定讀者怎麼作答時，必須像「選出所有質數，並圈選答案」這樣進一步給予指示。

6.4　問什麼？何時問？

　　上一節討論了怎麼提問，所以這節來思考「問什麼？」吧。這也跟「何時問？」有關。

詢問知識

　　問題有時是為了確認讀者現在擁有的知識。

　　A 是指什麼？

　　這樣的提問常會放在說明的第一行。這是為了吸引讀者注意接下來說明的內容，回憶起相關的背景知識。

　　提問：「*A* 是指什麼？」回答：「*A* 是指～。」可以說是一種對話。讀者讀到這樣的對話，腦中會浮現「啊，對喔！」「是這樣啊！」等等。文章一開始所寫的對話，能

夠引導讀者進入接著即將說明的內容。

作者有時可透過回答，導正讀者的誤解。提問：「*A* 是 *B* 嗎？」回答：「不對，*A* 不是 *B* 而是 *C*。」讀者讀到這樣的對話後，會糾正自己的誤解，並對後面的說明產生興趣。

詢問理解狀況

問題有時是為了確認讀者的理解狀況。

那麼，可以說～是～嗎？

作者透過這樣的提問，能讓讀者確認自己的理解狀況。雖然提問的是作者，但實際確認狀況的是讀者自己。

在進行這類提問時，作者自己要非常清楚「想要確認什麼事情？」問題要包含「閱讀到這邊，你應該理解了～才對」的訊息。沒頭沒腦不斷問：「瞭解了嗎？」效果並不明顯。

作者不可拋出跟所寫內容無關的問題。比如，在「章末問題」應該提出跟該章所學有關的問題。

詢問重點

　　詢問讀者重點吧。提問作者想要讀者理解的事情、希望記起來的東西、期望掌握的內容吧。

　　別問不重要的問題。因為這有可能讓讀者關注不重要的問題。

　　不要提出所謂的「陷阱問題」，陷阱問題反而可能失去讀者的信賴。問與答是用來學習的，不是用來「勾心鬥角」的。

　　即便是小細節，如果內容重要，提出來詢問也沒關係。比如，在電腦的程式設計中，記號的細微差異、大小寫不同，常會導致完全不一樣的結果。詢問這類細節也不壞。

　　作者提問小細節，有可能讓讀者產生「幹嘛問這麼細的東西，別出這種吹毛求疵的問題嘛」的不滿。這類不滿會減低繼續讀下去的動機，作者得確實應對處理。具體來說，可像「這的確是小細節，但卻是很重要的觀念，因為～」這樣寫出理由。這個理由本身也是有助於讀者理解的說明。

詢問理所當然的事情

　　即便是理所當然的事情也要詢問。

例子：理所當然的問題

問：8 位元為 1 位元組。那麼，128 位元為多少位元組？

答：$128 \div 8 = 16$，所以 128 位元是 16 位元組。

上述例子中，以 $128 \div 8$ 這個簡單的計算，說明 128 位元為 16 位元組。雖然「128 位元為多少位元組？」是理所當然的問題，但卻有重要的意義。這邊透過簡單的計算，讓讀者實際體驗「8 位元為 1 位元組」，熟悉 1 位元組既不是 10 位元也不是 16 位元，而是 8 位元。

雖然上述例子的安排並不差，但也可直接先回答「16 位元組」。

例子：直接先回答

問：8 位元為 1 位元組。那麼，128 位元為多少位元組？

答：16 位元組。因為 8 位元為 1 位元組，由 $128 \div 8 = 16$ 可知，128 位元是 16 位元組。

提問理所當然的事情並不可恥。對於理所當然的問題，可直接回覆答案。讀者讀到這樣的「問與答」後，能夠確認自己的理解狀況，安心地繼續往下讀。

在第 5 章，我們討論了「舉例」。典型的例子、極端的例子、不符合的例子、一般性的例子等，雖然有各種不

同類型，但好的例子適用於所有讀者。當作者提問「1 是自然數嗎？」讀者自身能夠確認有沒有確實理解自然數的概念。

回答之後

回答問題能活化讀者的大腦。

尤其是已花了許多時間作答章末問題的讀者，理解狀況能達到最佳狀態。所以，作者可在解答後進行補充說明，即便內容有些艱澀，讀者也應該能夠理解。不過，作者要表明哪邊是答案、哪邊是補充說明。

答案僅有一個、解法卻有很多種的時候，作者可以提出其他作法，亦即所謂的「另解」。

一組「問與答」常可引導讀者至新的論點。比如，

存在滿足 $x^2 < 0$ 的實數嗎？

對於這個問題回答：

不，不存在滿足 $x^2 < 0$ 的實數。

接著內容可以這樣推進：

那麼，這邊試著另外定義滿足 $x^2 < 0$ 的實數吧。

如此一來，便能自然導入新的數——複數。

巧妙安排「問與答」的簡短對話，能夠讓說明文更容易閱讀。

6.5　本章學到的事

本章中，我們學習了關於問與答。

有問才出現呼應的答，問與答形成簡短的對話。

有對話的文章會顯得生動活潑，讀者可由對話感受到文章的躍動，一步一步確認自己的理解狀況。讀者不斷累積小的「原來如此」，最後會瞭解大的「原來如此」。透過問與答，讀者能夠對文章整體有更深的理解。

本章學習了「問與答」。下一章，我們將要來討論「目錄與索引」。

第 7 章

目錄與索引

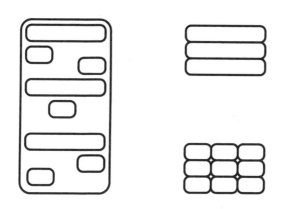

7.1 本章要學習什麼？

本章中，我們將討論目錄與索引。

對讀者來說，目錄與索引都是閱讀文章時的道具；對作者來說，是確認文章結構與內容的道具。

目錄與索引是針對書籍、論文等長篇文章製作的。為了避免不斷重複「書籍、論文」，本章會單純將之稱為「文章」。

7.2　目錄

什麼是目錄？

　　目錄是集結文章中各章節標題的一覽表，通常置於文章的起始。

　　決定章節標題的人是作者，所以作者有責任製作好的目錄。為了製作好的目錄，必須考量讀者是為了什麼而翻閱目錄。翻閱目錄的目的主要有下述兩點：

- 為了瞭解文章輪廓。
- 為了跳到目標章節。

　　讀者會為了**瞭解文章輪廓**而翻閱目錄。讀者會想從目錄獲得下述訊息：

- 這本書的題材是什麼？
- 這是以什麼順序敘述？
- 這是以怎麼樣的粒度寫成？

因此，作者製作的目錄必須能夠回應讀者的這些要求。

　　讀者會為了**跳到目標章節**而翻閱目錄。讀者未必會按照順序從文章的開頭讀到最後。無論作者怎麼懇求，讀者都會想要閱讀自己感興趣的地方。這可由自己閱讀長篇文章時的情況來想像。因此，作者製作的目錄必須能夠回應

讀者的要求。

對讀者來說，目錄是「道具」。讀者可利用目錄這項道具掌握文章輪廓，或者尋找自己想讀的訊息，預想「出現在這裡」直接跳到目標頁數。

好的目錄取決於好的**標題**，因為目錄是集結章節標題作成的東西。那麼，我們來討論什麼樣的標題能夠回應讀者要求吧。

明確表示內容的標題

標題要明確寫出內容。

章的標題必須表明章的內容；節的標題必須表明節的內容。如果標題有明確表示內容，集結標題作成目錄時，會清楚顯示「想讀的訊息出現在哪裡」。如此一來，目錄就能回應讀者的要求。

雖然聽起來理所當然，但實際上並沒有那麼簡單。作者需要特別留意這件事，才能訂出「明確表示內容的標題」。

那麼，該怎麼做才能確認標題有明確表示內容呢？其實很簡單，只要在閱讀標題為「A」的章節後，詢問自己：

「A」這個標題恰當嗎？

比如，閱讀標題「群的定義」的小節後，詢問自己：

「群的定義」這個標題恰當嗎？

既然標題為「群的定義」，那麼就該以「群的定義」為中心來記述。雖說如此，但也不是完全沒有「群的定義」以外的東西，可能會處理其他相關的題材。因此，像下述這樣自問，就回顧整體的詢問來說是有效的。

「群的定義」這個標題恰當嗎？

到這邊，直覺敏銳的人可能已經注意到了：想要製作好的目錄，需先訂出好的標題；想要訂出好的標題，需先寫出好的文章。因為在檢查標題恰不恰當時，必須客觀審視自己的文章。

換言之，製作能夠回應讀者要求的目錄，也跟寫出正確且容易閱讀的文章有關。

獨立出來能夠閱讀的標題

標題即便從文章獨立出來，也要能夠閱讀。

不好的例子：從文章獨立出來不能閱讀的標題

上述例子中，「2. 其例子」「2.2 從此延伸出來的群」等標題意義不明，我們不曉得「其」「此」等指示詞代指什麼。或許，閱讀文章時指示詞代指什麼很明確，但集結成目錄後就變得意義不明。

我們可以如下改善：

改善的例子：從文章獨立出來也能閱讀的標題

上述的改善例子沒有使用指示詞，將「其例子」換成「群的例子」、將「從此衍伸的群」換成「交錯群」，變成獨立出來也能夠閱讀的標題。如此一來，各節在講述什

麼內容就很清楚。

粒度統一的標題

想要製作好的目錄，僅明確寫出標題是不夠的，還要統一集結標題的粒度（概念的大小）。

下面是極端的例子：

不好的例子：粒度不統一的文章

1.　概要 ……………………………………………………… 1

2.　背景 ……………………………………………………… 2

3.　歷史 ……………………………………………………… 3

4.　比較相鄰元素排列的方法 ……………………… 4

5.　結果 ……………………………………………………… 5

6.　考察 ……………………………………………………… 5

在上述例子，列出「概要」「背景」「歷史」等具一般性的簡潔標題，卻突然出現「比較相鄰元素排列的方法」極端的具體標題。這是不恰當的做法。

我們可以如下改善：

改善的例子：粒度統一的文章

1.　概要 ……………………………………………………… 1

2.　背景 ……………………………………………………… 2

3. 歷史 　　　　　　　　　　　　　　3

4. 方法 　　　　　　　　　　　　　　4

5. 結果 　　　　　　　　　　　　　　5

6. 考察 　　　　　　　　　　　　　　5

形式統一的標題

標題的形式要統一。

不好的例子：形式不統一的標題

1. 群的定義 ……………………………………… 1

2. 鬼腳圖 …………………………………………… 3

3. 調查正多面體構成的群吧 ………………… 5

上述的不好例子中，混雜了「群的定義」「鬼腳圖」等以名詞作結的標題，與「調查……吧」邀請讀者動作的標題，讓讀者靜不下來。

我們可以如下改善：

改善的例子：形式統一的標題

1. 學習群的定義吧 ……………………………… 1

2. 以鬼腳圖製作群吧（對稱群）………………… 3

3. 以骰子製作群吧（正多面體群）……………… 5

　　上述的改善例子中，標題統一成「……吧」的邀請形式。另外，為了統一「鬼腳圖」等日常事物，將「正多面體」換成「骰子」。

　　像這樣統一後，讀者容易想像各標題的章節裡頭在講述些什麼。

章節以外的目錄

　　目錄未必只有章節的標題，可能還有**表**的目錄、**圖**的目錄、**定理**的目錄等。不管是哪一種，只要讀者想要關注的項目存在不只一個，製作目錄就有其意義。

　　若是極長篇的文章，目錄同時包含章與節可能過於冗長。目錄本身冗長，會難以瞭解文章整體的輪廓。遇到這種情況，我們可以準備兩種目錄，一種是僅集結章標題的**概略目錄**，另一種是集結章節兩者的**詳細目錄**。

目錄的製作

　　目錄請使用軟體的目錄作成功能製作。標題不建議以手動鍵入，因為可能發生疏漏。

　　現代大多都是用電腦軟體寫作文章。用來寫作長篇文章的軟體，大多都具備產生目錄的機能（目錄作成機能）。該機能可能是軟體內建的，也有可能是使用外部軟體匯入。

比如，排版軟體 LaTeX 只要在原稿檔案中鍵入\tab-leofcontents，就會在該處自動插入目錄。

這邊再重申一次，目錄請一定要使用目錄作成機能製作。除了「減少麻煩」及「減少錯誤」，也是為了「能夠修改標題到自己滿意為止」。

閱讀目錄的意義

文章寫完後製作目錄，接著重新審視目錄吧。閱讀目錄，有助於寫出正確且容易閱讀的文章。跟讀者一樣，作者也可透過目錄掌握文章的輪廓。

閱讀目錄時，作者要化身為小鳥，飛翔在名為文章的廣大森林之上，俯瞰整篇文章的結構。

閱讀目錄的同時，回顧整篇文章的大結構。一面閱讀目錄，一面確認有無不足或多餘的部分？各章節的粒度恰當嗎？這樣的順序可以嗎？最重要的是，閱讀完目錄後，確認：

自己想要傳達的事情是否確實寫出來了？

不僅對讀者，目錄對作者來說也是重要的道具，能夠幫助回顧整篇文章。

7.3　索引

什麼是索引？

索引是集結文章中重要字詞的一覽表，通常置於文章的最後。

下面為簡單的索引例子。

索引的例子

　　⋮

可約　357

Cardano　246

伽羅瓦　50, 262, 353

　　⋮

上述舉了「可約」「Cardano」「伽羅瓦」作為**索引項目**的例子。

各索引項目對應的**參照頁數**，「可約」為 357 頁、「Cardano」為 246 頁，然後「伽羅瓦」為 50、262、353 頁。

想要閱讀特定術語的相關內容時，讀者會翻到文章的最後面查閱索引。調查自己想要知道的專有名詞有沒有被列為索引項目，若有找到，可直接翻至對應的參照頁數。這是讀者使用索引時常見的用法。

製作索引時，我們依舊保持「為讀者著想」的原則。

首先，寫作讀者調查時使用的長篇說明文時，記住一定要有索引。如果沒有索引，讀者需要花費許多精力，才能從文章中找出特定專有名詞出現的地方。只有在短篇的文章、檢視時用不到的文章、具有檢索機能代替索引等情況時，作者才不需要準備索引。

索引項目與參照頁數的選擇

索引是索引項目與參照頁數的集結，所以會碰到下述問題：

- 應該選擇哪些字詞作為索引項目？
- 應該選擇哪幾頁作為參照頁數？

索引項目應該選擇「讀者可能會檢視的字詞」，比如重要字詞、專門術語、特殊符號、概念、專有名詞等。文章中以粗體字（黑體）強調的字詞，大多會是索引項目。不過，索引項目過多過少都會令人困擾。

對於索引項目，參照頁數應該選擇哪一頁呢？簡單來說，就是「作者希望讀者在檢視該索引項目時翻開的那一頁」。

比如，寫有專有名詞定義的頁數，就適合作為該索引項目的參照頁數。其他還有重要的例子、相關的術語、該術語的由來與歷史等，都能作為參照頁數。

漏掉頁數會令人困擾，但也不能讓一個索引項目對應過多的參照頁數，這會使讀者花費更多時間尋找目標頁數。

不好的例子：參照頁數過多

　　⋮

伽羅瓦　　50, 51, 113, 262, 284, 299, 301, 353, 365, 374, 381, 422, 433,

　　　　　441, 479, 483, 487, 489, 501

　　⋮

上述例子中，「伽羅瓦（Evariste Galois）」一個索引項目對應了 19 個參照頁數，這會讓讀者感到困擾。我們可以如下改善。

改善的例子 1：分成不同的索引項目

　　⋮

伽羅瓦　　50, 262, 353

伽羅瓦延拓　　441

伽羅瓦群　　374

伽羅瓦體　441

伽羅瓦對應　50, 299, 422

伽羅瓦理論　50

伽羅瓦理論的基本定理　422

⋮

　　只要像上述的改善例子分成不同的索引項目，就能減少一個索引項目對應的參照頁數，讓讀者能更快速找到目標頁數。

　　我們也可以如下將索引分成多重階層。

改善的例子2：分成不同的索引項目（多重階層）

⋮

伽羅瓦　50, 262, 353

──延拓　441

──群　374

──體　441

──對應　50, 299, 422

──理論　50

──理論的基本定理　422

理查德與──267, 423

⋮

上述的改善例子 2 中，「伽羅瓦」索引項目後面，緊接著列舉包含伽羅瓦的索引項目。如此一來，不但能夠減少一個索引項目對應的參照頁數，原本應該列舉於他處的「理查德與伽羅瓦」，也可列在「伽羅瓦」下面的階層。這樣的索引對讀者來說很便利，但缺點是索引項目會變多。

索引項目的表記

大多數情況下，索引項目就是目標單詞本身。然而，有時為了方便讀者使用，會在索引項目的表記下工夫。

- 例如以「群（group）」併記英文名稱。
- 例如以「～（波浪號）」併記符號的讀法。
- 例如以「$\sin \theta$」列入數學式為索引項目。
- 例如以「GCD：greatest common divisior」併記簡略前的字詞。
- 例如以「Euler, Leobhard」同時表記「姓, 名」。

該怎麼安排索引中的數學式並不簡單，比如 $\sin\theta$ 應該列入「s」的項目嗎？作者僅需要遵循「為讀者著想」的原則就行了。如果作者認為讀者在翻閱索引查詢 $\sin \theta$ 時，可能會尋找「s」項目，就應該放在該項目。在索引一開始安排「數學式」，將 $\sin \theta$ 列入這個項目也是不錯的方法。或

者，不局限於索引，另外準備「本書使用的數學式一覽表」也不錯。

索引項目的順序

索引項目的順序有各種不同排法。日本文章基本上是依照五十音順序，但若索引項目包含許多他國語言，可以分成英文索引與日文索引，或者在日文索引項目中增添「英文」的項目。

參照頁數的表記

強調重要的參照頁數有助於讀者使用，比如在出現定義的頁數加上底線：

伽羅瓦對應　50, 299, 422

如此一來，想要查閱定義的讀者就能直接翻到422頁。這個想法可以自由延伸。

・定義以 123 的格式標記。
・例子以 **123** 的格式標記。
・參考文獻以 *123* 的格式標記。

雖然這樣可使索引使用起來更為便利，但也可能看起來一團亂。

　　不管是哪種情況,都需要在索引內表明各格式所代表的意思。

索引的製作

　　從文章中指定索引項目是作者的工作。選取哪一頁的哪一個字詞作為索引項目,必須綜觀整篇文章來思考,所以沒辦法機械地指定索引項目。

　　當然,作者指定索引項目後,實際的索引製作還是會交由軟體處理。跟目錄一樣,索引也不建議手動鍵入。

　　以排版軟體 LaTeX 來說,僅需輸入 \index 的命令就能指定索引項目。例如,想要指定「伽羅瓦」為索引項目,直接在該字詞後面鍵入 \index｛伽羅瓦｝即可。若是包含漢字「可約」(即「可約分數」)的索引項目,可像 index｛かやく＠可約｝一樣以 \index｛讀法＠表記｝的形式鍵入。如此一來,LaTeX 就會自動集結所有索引項目,在鍵入 \printindex 的地方插入索引。

閱讀索引的意義

　　文章寫完後製作索引,接著重新審視索引吧。跟目錄一樣,閱讀索引應該能夠發現疏漏。

- 遺漏索引項目

  有列出「整數」卻沒有列出「有理數」等。

- 遺漏參照頁數

  明明「邏輯與」有三個頁數，數量應該相同的「邏輯或」卻只有兩個頁數等。

- 專有名詞用字未統一

  同時出現「歐拉」與「尤拉」等。

- 參照頁數過多

  「伽羅瓦」的參照頁數多達 19 個。

若還能注意頁數編號大小，就能在某種程度上掌握參照頁數適不適當。頁數編號小，表示出現在文章的前半部；若頁數編號大，表示出現在文章的後半部。比如，原本應該出現在結論部分的索引項目，卻只出現在文章的前半部，作者能夠檢查出這些不合理的地方。

索引列舉了文章中出現的重要字詞。一面審視索引，一面想像整篇文章的模樣吧。透過閱讀索引，身為作者的你可再次確認，文章全貌是否符合你所想要呈現的模樣。

7.4　話題

只要能夠幫助到讀者，作者可以發明各種工具。這邊

來說兩個跟目錄與索引相關的話題。

電子書

　　近年，愈來愈多人使用電腦等電子機器閱讀文章（在這邊統稱為「電子書」）。

　　電子書的型態今後應該也會繼續變化，但讀者的要求卻是固定不變的：

- 想知道文章輪廓
- 想跳到想閱讀的地方
- 想看特定字詞的關聯頁數

　　因此，先不管以什麼樣的方式實現，電子書需要具備滿足這些要求的機能。

　　此時，實現方式可能跟紙本書籍不太一樣。比如，p. 172 提到分成「概略目錄」與「詳細目錄」，電子書可能就不需要。因為讀者能透過操作來顯示或者隱藏詳細目錄。

　　不管怎麼樣，我們的判斷依據仍是「為讀者著想」，應該由讀者的觀點來設想，什麼樣的機能能夠幫助讀者。

參考文獻

同目錄與索引，參考文獻也是對讀者有幫助的道具。

寫作論文時，最後一定要附上**參考文獻**。論文是將自己的成果與過去其他人連綿不斷的研究成果連結，參考文獻能夠展示自己的論文跟哪些系統相關聯。

列舉參考文獻，是為了讓讀者在想要查證內容時能夠自行查證，以及說明自己論述的根據，絕不是為了炫耀自己讀過多少書。另外，文章內有引用的字句，一定要列出其參考文獻。

根據預設讀者的不同，參考文獻有時也能夠引導閱讀。此時，參考文獻的附加訊息也會幫助到讀者，比如難易度、概要、必要的預備知識、優缺點、應注意事項、翻譯的有無等等。

7.5　本章學到的事

本章中，討論了目錄與索引。我們平時作為讀者閱讀文章時，不會多想就直接使用目錄與索引吧。然而，身為作者寫作文章時，必須有意識地訂出標題作成目錄；有意識地選擇索引項目與參照頁數作成索引。

　　目錄與索引不可使用機械化選取。為了訂出恰當的標題、選出恰當的索引項目，作者必須掌握整篇文章、想像讀者的行動，這無法交由電腦代勞。

　　透過製作「目錄與索引」的方法，我們瞭解到這邊的原則也是以「為讀者設想」為重。

　　在最後一章，我們來討論「唯一想要傳達的事情」。

第 8 章

唯一想要傳達的事情

8.1　本章要學習什麼？

本書《數學文章寫作》邁入了最終章。

本章中，我們來回顧第 1 章到第 7 章學到了什麼，接著討論「唯一想要傳達的事」吧。

8.2　回顧本書

本書中討論了寫作正確且容易閱讀文章的原則。這項

原則就是——大家應該已經牢記了——

「為讀者設想」

寫作文章時，作者必須持續做判斷。難易度這樣可以嗎？章節段落可以這樣安排嗎？順序這樣可以嗎？數學式可以這樣寫嗎？用字遣詞這樣可以嗎？作者的工作就是判斷這些大小事，再將其集結成一篇文章。

若將作者比喻為出航汪洋大海的船長，「為讀者設想」的原則就像是指引作者的指南針。

我靠著「為讀者設想」這唯一的原則，持續著書 20 年以上。只要我將「為讀者設想」放在心上，就幾乎沒有遇過不知如何是好的情況，指南針總是為我指引正確的方向。

為了讓指引作者的指南針，亦即「為讀者設想」的原則確實銘記在你的心中，下面來回顧各章的內容吧。

讀者是誰？

第 1 章的〈讀者〉中，講述了讀者的背景知識、動機、目的。

若未考慮讀者的背景知識，也就是「讀者已經知道什

麼？」文章可能對讀者來說過於艱難或者過於簡單。若未考慮讀者的動機，也就是「讀者想要瞭解多深？」文章可能讓讀者難以讀下去。若未考慮讀者的目的，也就是「讀者為了什麼而讀？」文章可能讓讀者期待落空。

雖然本書刻意分成背景知識、動機、目的，但身為作者的你只要確實問自己「讀者是誰？」自然就會考慮讀者的背景知識、動機、目的。然後，若能清楚回答「讀者是誰？」便會準確判斷文章哪邊可能產生誤解、哪邊可能不好閱讀。

注重格式

第 2 章〈基本〉中，講述了「格式的重要性」與「文章的結構」。

寫作文章時，注意內容固然重要，但也不可以輕忽格式。重要的內容更應該整頓好格式，確實傳達給讀者。如果杯子有裂痕，再美味的咖啡也只會白白流掉。

寫作文章時，必須注意字詞、句子、段落、章節，一個字詞具有一個意思，一個句子提出一個主張，一個段落帶出一個總結主張，然後章節也必須帶出各層級的總結主張。作者需要注意這些事情。

建立順序，統整內容

第 3 章〈順序與階層〉中，講述了整頓順序與統整各階層的大概念，讓讀者容易閱讀。

對讀者來說，按照自然順序排列很重要。過去到未來、小到大、已知到未知、具體到抽象等，以這樣的順序寫作，讀者能夠順暢地理解內容。

另外，讀者沒有辦法一次掌握大概念。作者需要將大概念分解為小概念、注意不遺漏重複要素、建立群組、提出恰當的總結，向讀者傳達概念。

不要忘記詮釋資料

第 4 章〈數學式與命題〉中，講述了為避免讀者混亂，需要給予詮釋資料。

數學式看起來很繁雜，作者必須細心處理以防讀者產生混亂。前面有舉出實例說明，為了防止讀者混亂，作者需要避免使用雙重否定、統一表記方式、簡化下標、縮短句子等。

此外，前面也有提到要給予讀者理解的線索「詮釋資料」，比如將「P 在 C 上」寫成「點 P 在曲線 C 上」。雖然每個實際改善文章的做法都是小細節，但累積這些細節才能夠寫出容易閱讀的文章。注意細節，統整文章吧。

舉例為理解的試金石

第5章〈舉例〉中，講述了舉出好例子的方法。

若能舉出好的例子，除了增加讀者的知識，還可促進讀者閱讀的動機。為了讓讀者從「我好像大致懂喔」轉為「原來如此！是這麼回事啊」，舉例是非常重要的事情。

基本上，作者可舉出典型的例子、極端的例子、不符合的例子。另外，作者也要注意讓想要說明的內容與例子相對應。好的例子能夠讓讀者在心中描繪出清楚的概念。

前面也有提到舉例時的心態，注意不要炫耀自己的知識，以及舉不出好的例子時，應該回過頭確認自己是否理解內容，別忘了「舉例為理解的試金石」。

用問與答讓文章生動活潑

第6章〈問與答〉中，講述了活化思考的對話。

作者適切地提問，可讓讀者轉動思緒回答問題。另外，提出呼應問題的答案也很重要，注意不要提出牛頭不對馬嘴的答案或者沒有任何回答。作者必須有意識地提問，並有意識地回答。

當問與答產生有規律的節奏，讀者便會覺得容易閱讀，認為這文章閱讀起來很愉快。

目錄與索引是重要的道具

第 7 章〈目錄與索引〉中，講述了幫助讀者與作者的道具——目錄與索引。

目錄不能機械化訂定，作者必須訂出讀者容易掌握輪廓、方便找到目標內容的標題。這有助於寫出容易閱讀的文章。

索引也不能機械化選取，作者得想像讀者使用索引時的場面，選出索引項目與參照頁數。

唯一想要傳達的事情

我們回顧了各章的內容。為了寫作正確且容易閱讀的文章，「為讀者著想」這項原則很重要。各位瞭解這件事了嗎？

你現在是本書《數學文章寫作》的讀者。但是，當你闔上本書，開始寫作自己的文章，你就變成是一位作者。你在寫作文章的時候，請務必為你的讀者設想，正如我在寫作本書時為你設想一樣。

8.3　本章學到的事

本章中，回顧了第 1 章到第 7 章學到的事情，歸納成本書的〈唯一想要傳達的事情〉。

我為了向你傳達唯一的原則——「為讀者設想」而寫作了本書。

本書「唯一想要傳達的事情」就是：

「為讀者設想」

感謝大家的閱讀。

索引

國家圖書館出版品預行編目（CIP）資料

數學文章寫作. 基礎篇 / 結城浩著；衛宮紘譯.
-- 初版. -- 新北市：世茂, 2019.11
面；　公分. --（數學館；33）
ISBN 978-986-5408-02-2（平裝）

1.數學　2.寫作法

310　　　　　　　　　　　　　108014555

數學館 33

數學文章寫作　基礎篇

作　　者／結城浩
譯　　者／衛宮紘
主　　編／楊鈺儀
責任編輯／曾沛琳
封面設計／LEE
出 版 者／世茂出版有限公司
地　　址／（231）新北市新店區民生路 19 號 5 樓
電　　話／（02）2218-3277
傳　　真／（02）2218-3239（訂書專線）
　　　　　（02）2218-7539
劃撥帳號／19911841
戶　　名／世茂出版有限公司
世茂官網／www.coolbooks.com.tw
排版製版／辰皓國際出版製作有限公司
印　　刷／傳興彩色印刷有限公司
初版一刷／2019 年 11 月

Ｉ Ｓ Ｂ Ｎ／978-986-5408-02-2
定　　價／320 元

Original Japanese title: SUGAKU BUNSHO SAKUHO KISO HEN
Copyright © Hiroshi Yuki 2013
Original Japanese edition published by Chiukumashobo Ltd.
Traditional Chinese translation rights arranged with Chiukumashobo Ltd.
through The English Agency (Japan) Ltd. and jia-xi books co., ltd.